地质勘探与资源开发

刘洪立　俞志宏　李威逸　著

北京工业大学出版社

图书在版编目（CIP）数据

地质勘探与资源开发 / 刘洪立， 俞志宏， 李威逸著
. — 北京 ：北京工业大学出版社， 2021.10重印
ISBN 978-7-5639-6821-3

Ⅰ．①地… Ⅱ．①刘… ②俞… ③李… Ⅲ．①地质勘
探—研究②矿产资源开发—研究 Ⅳ．① P624 ② F407.1

中国版本图书馆 CIP 数据核字（2019）第 105804 号

地质勘探与资源开发

著　　者：刘洪立　俞志宏　李威逸
责任编辑：刘　蕊
封面设计：点墨轩阁
出版发行：北京工业大学出版社
　　　　　　（北京市朝阳区平乐园 100 号　邮编：100124）
　　　　　　010-67391722（传真）　bgdcbs@sina.com
经销单位：全国各地新华书店
承印单位：三河市元兴印务有限公司
开　　本：710 毫米 ×1000 毫米　1/16
印　　张：10.25
字　　数：205 千字
版　　次：2021 年 10 月第 1 版
印　　次：2021 年 10 月第 2 次印刷
标准书号：ISBN 978-7-5639-6821-3
定　　价：40.00 元

作者简介

　　刘洪立，男，湖北人，上海海洋大学教授，首席科学家。在工业和信息化部工作期间，作为中国电池标准评审委员会委员，制定国家电池标准；在上海海洋大学工作期间，参与海洋能发电研究、制定海洋电力标准；在中电科二十所工作期间，参与信息化能源标准制定。

　　俞志宏，男，湖南人，大校转业后进行统战工作。

　　李威逸，男，湖南人，中级人民法院院长，法学博士。

前　言

随着我国工业化和城镇化建设的快速发展，土地、能源、矿产等资源供需矛盾日益突出，生态环境恶化等问题进一步加重。经济社会健康、稳定和可持续发展对地质勘探提出了更高要求。

为了缓解资源瓶颈约束、提高国内矿产资源保障能力，政府有关部门在全国范围内组织实施了以"3年实现找矿重大进展，5年实现找矿重大突破，8至10年重塑矿产勘查开发格局"为目标的找矿突破战略行动。找矿突破战略行动的实施，不仅要求有关部门加大找矿力度、加快找矿进度，更重要的是通过技术方法创新提升地质找矿水平，实现找矿更大突破。同时，随着地质找矿难度日益增加，找矿工作重心已经转向寻找深部矿、稳伏矿、难识别矿。

全书共分成六章。第一章为绪论，主要阐述了地球及其地质作用、全球矿产资源的概况以及矿产资源开发的生态文明问题和矿产勘查与矿山地质工作等内容；第二章为矿产资源开发的环境影响，主要阐述了矿产资源开发的环境破坏分类、矿产资源开采对大气环境影响以及矿产资源开采对水环境影响和煤炭开采对土地资源的影响等内容；第三章为金属矿产勘探与资源开发，主要阐述了锰矿、镍矿、锡矿和铝矿的勘探与开发等内容；第四章为非金属矿产勘探与资源开发，主要阐述了石墨矿、金刚石、石棉以及云母的勘探与开发等内容；第五章为能源类矿产勘探与资源开发，主要阐述了核能、氢能、地热能和生物质能的勘探与开发等内容；第六章为矿产资源权益与制度，主要阐述了矿产资源产权制度体系的完善、矿业用地产权制度体系的完善以及矿业权合理布局机制的优化和矿产资源开发地质环境制度完善等内容。

为了确保研究内容的丰富性和多样性，笔者在写作过程中参考了大量理论与研究文献，在此向涉及的专家学者们表示衷心感谢。

最后，限于作者水平有限，本书难免存在疏漏，在此恳请同行专家和读者朋友批评指正！

目 录

第一章 绪 论

地球是人类居住的地方，人们开采的各种矿产都存在于地壳或岩石圈之中，它们都是由于地壳的物质运动和演变才形成的。但是，这些运动和变化不是孤立进行的，而是与地壳内部和外部的物质及其运动有密切关系。本章主要阐述了地球及其地质作用、全球矿产资源的概况及矿产资源开发的生态文明问题等内容。

第一节　地球及其地质作用

一、地球及地球的构造

（一）地球的形状和大小

人们通常所说的地球形状是指地球固体外壳及其表面水体的轮廓。

在长期的生产实践中，人们一直在反复曲折地认识地球的形状。一开始，人们认为地球的形状是圆球形。到 18 世纪末，人们普遍认识到地球为极轴方向扁缩的椭球。到 20 世纪 70 年代，由于人造地球卫星等空间技术发展大大推动了人们关于地球形状的深入研究。从地球卫星拍摄的地球照片和取得的数据可以确定地球的确是一个球状体。它的赤道半径稍大（约 6 378km），两极半径稍小（约 6 357km），两者相差 21km。其形状十分类似于旋转椭球体，但大地水准面不是一个稳定的旋转椭球体，而是有地方隆起，有地方凹陷，有时相差 100m 以上；赤道面不是地球的对称面，其形状与标准椭球体相比，位于南极的南大陆比基准面凹进 30m，而位于北极的没有大陆的北冰洋却高出基准面 10m，并且从赤道到南纬度 60° 之间要高出基准面，而从赤道到北纬 45° 之间要低于基准面。用夸大的比例尺来看，这一形状是与"梨"相类似的形状。

地球围绕通过球心的地轴（连接地球南北极理想直线）自转，自转轴对着北极星方向的一端称为北极，另一端称为南极。地球表面上，垂直于地球自转轴的大圆称为赤道，连接南北两极的纵线称为经线，也称为子午线。通过英国伦敦格林尼治天文台原地的那条经线为零度经线，也称为本初子午线。从本初子午线向东分作180°，称为东经；向西分作180°，称为西经。地球表面上，与赤道平行的小圆称为纬线。赤道为零度纬线。从赤道向南向北各分作90°，赤道以北的纬线称为北纬，以南的纬线称为南纬。

（二）地球的构造

地球不是一个均质体，而是一个由不同状态与不同物质的同心圈层组成的球体。这些圈层分为地球外部圈层和地球内部圈层。

1.地球外部圈层

包围在地球外面的圈层有大气圈、水圈和生物圈，这些圈层我们都能直接观察到。

（1）大气圈

大气圈是包围着地球的空气圈。大气圈的上界为1 200km，其为大气的物理上界（根据大气中才有的而星际空间中没有的物理现象—极光确定的大气上界）。但空气全部质量的80%左右集中在距地面10多km的大气层底层。风、云、雨、雪等常见的气象现象都在这一层中发生。

（2）水圈

地球表面海洋面积约占71%，陆地上还有河流、湖泊和地下水等分布，因此可以说地球表面被一个厚薄不等的连续水层包围着。这一连续包围地球的水层被称为水圈。

（3）生物圈

陆地、海洋、空中和地下土层中都有各种生物存在和活动，这个包围地球几乎连续的生物活动范围，称为生物圈。

2.地球内部圈层

地球的内部圈层指从地面往下直到地球中心的圈层，包括地壳、地幔和地核。尽管人们对"向地球的心脏进军"充满了渴望，想弄清楚地球内部的状况，然而目前世界上深井记录为12 000m，只占地球半径的1/530，因此人们无法用直接观察的方法来研究地球的内部构造。一般采用物理方法观测地球，人们主要通过地震波的传播变化来研究地球内部的构造情况。地震波分为纵波（P）和横波（S）。纵波可以通过固体和流体，速度较快；横波只能通过固体，速度较慢。与此同时，随着所通过介质刚性和密度改变，地震波的传播速度也会随之发生改变。

地震波速度变化明显的深度，反映了那里的地球物质在成分上或物态上有显著变化。这个深度，可以作为上下两种物质的分界面，称为不连续面。在地球内部最显著的不连续面是在大约 2 900km 的深度处，S 波传播到此深度终止，P 波速度在此处也急剧降低。这个界面是古登堡在 1914 年提出的，因此又称为古登堡面，它构成地幔和地核的分界面。地震波的另一个显著不连续面，一般位于地表之下平均深度为 33km 处，这个界面是莫霍洛维奇在 1909 年发现的，因而被称为莫霍面，它被确定为地壳和地幔的分界面，这样人们通常根据古登堡面和莫霍面把固体地球分三大圈层，即地壳、地幔和地核。

布伦在 1955 年根据地震波速度的变化和地球内部的密度变化，把固体地球分为七个圈层，分别称 A、B、C、D、E、F、G 层。

值得注意的是地震波分布情况表明，在上地幔中，有一个明显的低速层。这个低速层是古登堡最初于 1926 年提出来的。近年来，随着观测技术发展和电子计算机运用，研究人员确定低速层存在于 60 ~ 250km 的范围，并且具有明显的区域性。它是一个具有软塑性和流动性的层次，通常被称为软流圈。

软流圈的存在及其发现为地球的分圈提出了新的思考。直到现在，"地壳"这个术语仍然被用于标明莫霍面以上的固体地球部分，但是地球完整的刚性外壳，并不只是达到莫霍面，而是一直向下延伸到软流圈为止。这个完整的刚性部分，是固体地球的真正外壳。因此，现在有些学者提出了一种新的固体地球基本结构的划分方案，即岩石圈、软流圈、地幔圈（即软流圈之下至外核的部分，为一固体圈层）、外核液体圈（简称外核）和内核固体圈（简称内核）。

（1）地壳

莫霍面以上由固体岩石组成的地球最外圈层称为地壳。地壳的厚度相差很大，平均为 33km，一般是大陆高山区较厚，可达 70 ~ 80km，平原地区厚度为 30 ~ 45km，海洋地区较薄，有的地方仅有数千米。地壳的大陆部分和大洋部分在结构和演化历史上均有明显差异，因此它可以分为大陆型地壳和大洋型地壳。大陆型地壳（简称陆壳）是指大陆及大陆架部分的地壳，它是上部为硅铝层和下部为硅镁层的双层结构。

硅铝层的物质组成与大陆出露的花岗岩成分相似，也称花岗质层。硅镁层的物质组成则与玄武岩成分相似，也称玄武岩质层。硅铝层与硅镁层之间的界面，称为康拉德面。康拉德面并不是一个普遍存在的不连续面。大陆型地壳是在原始古老地壳基础上发展起来的，最古老的岩石估计形成于 41 亿年以前。

大陆型地壳由于经历多期地壳运动，大部分岩石也发生了变形（褶皱、断裂等）。

大洋型地壳（简称洋壳）往往缺失硅铝层，仅仅发育硅镁层，不具双层结构。大洋型地壳除上部覆盖着极薄的沉积物之外，几乎完全由富含 Fe、Mg 的火山岩、橄榄岩（硅镁层）组成。洋壳的岩石一般较年轻，最老的岩石形成于 2 亿年前，大部分岩石则是 1 亿年前开始形成的。

（2）地幔

所谓地幔，即莫霍面到古登堡面以上的圈层。其按照波速在 400km 和约 670km 深处上存在两个明显的不连续面，地幔一般可以分为由浅入深的三个部分：上地幔、过渡层和下地幔。上地幔深度为 20～400km。上地幔的成分与超基性岩十分接近。在深度 60～250km 的范围内，地震波速度明显下降，这一层被称为低速层（软流圈）。目前人们认为，存在于软流圈中的熔融物质，是炽热的和熔融的，是能够发生某种形式对流运动的。软流圈实际上是大规模岩浆活动的策源地，中源地震（70～300km）也发生于此。过渡层深度为 400～670km。地震波速度随深度加大的梯度大于其他两部分下地幔深度为 670～2 900km，下地幔具有比较均一的成分，其组成主要包括铁、镍金属氧化物和硫化物。

（3）地核

古登堡面以下直至地心的部分称为地核。它又分为外核、过渡层和内核。外核呈液态，一般发出 P 波。过渡层和内核呈固态，会出现 S 波。地核的物质主要是铁，尤其是内核，基本由纯铁组成。由于铁陨石往往含有少量镍，因此一些学者认为地核的成分中应含少量的镍。

（三）地壳的物质组成

地壳乃至整个岩石圈是由固体岩石组成的，岩石是由矿物组成的，而矿物又是由自然元素组成的，如石英（SiO_2）这种矿物是由硅和氧两种化学元素组成的，所以说化学元素是组成地壳的基本物质。

对地壳化学成分的研究，目前所能直接取得的资料仅来自地壳表层。许多研究者曾分析各地具有代表性的岩石标本，以求得地壳中各种元素的平均重量百分比。据克拉克等人的研究结果，仅 O、Si、A、Fe、Ca、Na、Mg、K8 种元素的平均含量，就占了地壳总量的 98% 以上，如表 1-1 所示，从表 1-1 中可见氧占了近一半。除以上 8 种元素外，其余几十种元素所占比例约为 2%。为了纪念克拉克的功绩，人们将各种元素在地壳中重量的百分比，称为克拉克值。克拉克值又称为地壳元素的丰度。

表1-1　地壳中主要元素的平均含量

单位：%

元素	平均含量（克拉克值）	元素	平均含量（克拉克值）
O	46.40	Ca	4.15
Si	28.15	Na	2.36
Al	8.23	Mg	2.33
Fe	4.63	K	2.09

必须指出，各种元素在地壳中的分布不仅在总的数量上是不均匀的，而且在不同地区、不同深度的分布也是不均匀的。地壳中的各种元素在各种地质作用下，它们不断发生分散和聚集。例如，工业上常用的 Cu、P、Zn、W、Sn、Mo 等元素，在地壳中的含量极少，但受到各种地质的影响，有时能在地壳的局部地区聚集起来，甚至可以聚集到工业能够开采利用的程度，这时这些有用的元素就构成了可开采的矿床。例如，Cu 在地壳中的平均含量（克拉克值）是 0.01%，但在某些地质作用下，可以在一些特殊地区聚集起来，超过 1%，这就构成了矿床。

二、地球的物理性质

（一）质量和密度

根据牛顿万有引力定律，计算得出地球的质量为 $598 \times 10^{22} kg$，再除以地球体积，则得出地球的平均密度为 $5.52 g/cm^3$。人们直接测出构成地壳各种岩石的密度是 $1.5 \sim 3.3 g/cm^3$，平均密度为 $2.7 \sim 2.8 g/cm^3$，并且地球上尚有密度为 $1 g/cm^3$ 的水分布。人们因此得出地球内部物质密度更大这个推测，其被地震波在地球内部传播速度的观测所证实。研究人员根据地震波传播速度与密度的关系计算出地球内部密度随深度的增加而增加，地心密度可达 $16 \sim 17 g/cm^3$。

（二）压力

地球内部的压力是指由上覆物质的质量而产生的静压力，因此其随着深度的增加而增大。其变化情况，按照地震波推测各深度的压力如表1-2 所示。

表1-2　各深度的压力

深度 /m	100	500	1 000	5 000	10 000
压力 /MPa	2.7	13.5	27	130.5	270

（三）重力

地球对物体的引力和物体因地球自转产生的离心力的合力称为重力。其作用方向大致指向地心。由万有引力 $F = G\dfrac{m_1 m_2}{r^2}$ 可知，地球的重力随纬度的增大而增加，两极最大，赤道最小。

但在重力异常地区研究地质情况，必须矫正研究区的实测重力值，通过高程及地形校正后，再减去该区的理论重力值就可以得出重力异常值。

（四）地磁

地球具有磁性，它吸引着磁针指向南北。但是，地磁两极不同于地理两极。因此，地磁子午线与地理子午线之间有一定夹角，称为磁偏角，由于地方的不同，其大小也会有所不同。当人们运用罗盘测量方位角时，必须利用磁偏角进行校正。磁偏角以指北针为准，偏东为正，偏西为负。

只有在赤道附近，磁针才能保持水平状态，并在逐渐向两极移动时发生倾斜。磁针和水平面的夹角，称为磁倾角。磁倾角以指北针为准，下倾者为正，上仰者为负。地质罗盘上磁针有一端捆有细铜丝，其目的在于保持磁针的水平。我国位于地球北半球，因此在磁针南端多捆有细铜丝，从而校正磁倾角的影响。

地球上各地的磁偏角和磁倾角，一般都有一定的理论计算值，某些地区实测数字不同于理论计算值，这种现象称为地磁异常。地磁出现异常的原因有以下两点，一是地下存在磁性岩体或矿体，二是地下岩层有可能会有剧烈变位发生。因此研究地磁异常，在一定程度上有助于查明深部地质构造，而且还有助于寻找铁、镍矿床。

（五）地热（温度）

地球内部储存着巨大的热能，这人们就是常说的地热。地热主要来自放射性元素蜕变时析出的热及化学元素反应放出的能。

地壳表层的温度，主要受太阳辐射热的影响，往往随着外界温度的变化而变化，主要有日变化和年变化，但从地表向下到达一定深度，其温度不会随着外界温度的变化而有所改变，我们称这一深度为常温层。它的深度往往由于地方的不同而有所差异，一般情况下，日变化的影响深度在 $1 \sim 2m$，年变化的影响深度为 $15 \sim 30m$。在常温层以下，随着深度的增加，地温逐渐升高，通常可以用地热增温级或地热梯度来表示这一增温规律。所谓地热增温级，即在年常温层以下，温度每升高 $1℃$ 时所增加的深度。地热增温级的数值因地而异。

地球是一个庞大的热库，蕴藏着巨大的热能，在那些地热增温级高于正常情况的所谓地热异常区，它们蕴藏着丰富的热水和蒸汽资源，是开发新能源的最佳场所。

三、地质的主要作用

至今，地球已经有 46 亿年的历史，并且仍处在永恒的、不断运动之中。它的地表形态、内部结构和物质成分也是时刻在变化着的。陆地上的岩石经过长期日晒、风吹，逐渐破坏粉碎，脱离原岩而被流水或风等带到低洼地方沉积下来，形成新物质，最终高山被夷为平地。过去的大海经过长期的演变而成陆地、高山，海枯石烂、沧海桑田，地壳面貌不断变化才具有今天的外形。最显著的例子是地震，强烈的地震给人类带来灾难，产生山崩地裂及其他许多地质现象。

（一）内力地质作用

由来自地球本身的动能和热能所引起的各种地质作用，称为内力地质作用。

1. 地壳运动

地壳自形成以来，一直处在缓慢的运动状态（地震、火山喷发、山崩除外），这种运动状态人们是不易察觉的，但因其范围广大，作用时间长，所以对地壳的改造作用是巨大的，它可以使海底上升变为陆地或高山，使陆地下降海水漫进成为海洋，也可以使整块大陆分裂为若干块，或使几块大陆合并为一块。因此，地壳运动在不断改变着地球的面貌。

根据地壳运动的方向可分为水平运动和升降运动两种形式。

（1）水平运动

地壳沿水平方向相对位移的运动称为水平运动。在地壳的演变过程中，水平运动这一运动形式表现得比较强烈。水平运动具体表现为岩体位移和层状岩石的褶皱现象。从板块构造理论的角度看，板块之间的相互作用控制着岩石圈表层和内部的各种地质作用过程，板块边界是构造活动最强烈的地区。大范围的水平位移均发生在板块的汇聚、离散、平错过程中。

地壳的水平运动要经过精确细致的大地测量才能观察到，如阿尔卑斯山北部边缘的三角点在五年时间内向它东北方向的慕尼黑城移动了 0.25 ～ 1m。从这一例子可见水平运动是极其缓慢的，但经过漫长的地质时期，其结果是惊人的。多方面资料证实印度次大陆是从侏罗纪时以每年几厘米的速度从南半球漂移而来的。

（2）升降运动

升降运动是指地壳沿垂直方向上升或下降的运动。升降运动在地壳演变过程中是表现得比较缓和的一种形式。大地水准测量资料表明，芬兰南部海岸的上升速度为每年 1 ～ 4mm；英国的首都伦敦，现在正在下降，据推测，2000年后整个城市将会被海水淹没。

地壳的升降运动对沉积岩的形成具有很大影响，其不仅控制了沉积岩的物质来源和性质，而且也影响了沉积岩的厚度和分布范围。原因在于，由上升运动控制的隆起区，是形成沉积岩的物质成分的供给区，而由下降运动所控制的沉降区，则是这些物质成分形成沉积物并转化为沉积岩的场所。

2. 岩浆作用

岩浆是在上地幔和地壳深处形成的，其主要成分是硅酸盐，炽热、黏稠、富含挥发分的高温高压熔融体是形成各种岩浆岩和岩浆矿床的母体。岩浆中尚含有一些金属硫化物和氧化物。按 SO_2 的含量不同，岩浆分为超基性（小于45%）、基性（45% ～ 52%）、中性（52% ～ 65%）和酸性（大于65%）岩浆。一般 SO_2 含量越多、挥发成分越少、温度越低、压力越大的岩浆，其黏度就越大；反之就越小。黏度越小，越易流动；黏度越大，越不易流动。

受地壳运动的影响，由于外部压力的变化，岩浆向压力减小的方向移动，上升到地壳上部或喷出地表冷却凝固成岩石的全过程，称为岩浆作用。由岩浆作用而形成的岩石，称为岩浆岩。岩浆作用按其活动的特点分为侵入作用和喷出作用。

（1）侵入作用

侵入作用是指岩浆上升运移到地壳内在岩石中冷凝成岩浆岩的活动过程。形成的岩浆岩称为侵入岩。根据侵入深度不同，侵入岩分为深成岩（深度大于3km）和浅成岩（深度小于3km）。

（2）喷出作用

喷出作用又称火山作用，是指岩浆喷出地表冷凝成岩浆岩的活动过程。该过程中形成的岩浆岩称为喷出岩（又称为火山岩）。

由于岩浆侵入的深度不同，会直接影响岩浆的温度、压力的大小等。

3. 变质作用

（1）动力变质作用

岩层由于受到构造运动的强烈应力作用，可以使岩石及其组成矿物发生变形、破碎，并伴随一定程度的重结晶作用，这种作用称为动力变质作用。

（2）区域变质作用

区域变质作用是大范围内由各种变质因素综合作用而产生的变质作用。其所形成的变质岩，以重结晶和片理化现象显著为特征，规模巨大，分布面积广泛，且往往伴有混合岩化作用发生。形成的岩石主要有板岩、千枚岩、片岩、片麻岩和混合岩等。

4. 地震

地震是地球（或岩石圈）某部分的快速颤动，是一种具有破坏性的地质作用。地球上天天都有地震发生，全世界每年有 100 万到 1000 万次。其中，人们不能直接感觉到的地震大部分属于微震。每年大约有 5 万次有感地震，仅有 18 次左右的具有破坏性的地震，每年仅有 1～2 次破坏性严重的地震。由此可见地震就像刮风下雨一样，是一种经常发生的自然现象。

地震时，震源是地下深处发动地震的地区。震中是震源在地面上的垂直投影。震源深度是震中到震源的距离。从震中到任一地震台（站）的地面距离，称震中距。

（1）地震的类型

①陷落地震。陷落地震是由于巨大的地下岩洞塌陷冲击所引起的地震。石灰岩地区有时会由于岩溶的发育而造成洞穴坍塌，这可能会引起附近微小的震动，但不会影响到较远的地区，因此山崩并不是地震的起因，而是地震的后果。

②火山地震。火山地震是由于火山活动引起的地震。火山爆发时岩浆从地下深处向上运动，当岩浆冲破上覆岩层到达地面时，能激起地面震动，这就是火山地震。这类地震通常都很小，如果严重的话，也大多局限于火山活动地区，例如智利地震发生两天后才开始火山喷发，由此可见，火山活动也是地震的后果。

（2）震级和地震烈度

地震能量的大小和所产生的破坏程度，分别由震级和地震烈度来表示。

震级是表示地震能量大小的等级，一次地震只有一个震级。发生地震时从震源释放出来的弹性波能量越大，震级越高。人们通常将震级分为十级（即 0～9 级）。人对小于 2.5 级的地震无感觉；对 2.5～4 级的地震有些许感觉。而 5 级以上的地震，将会给人们带来一定破坏。

地震烈度是指地震对地面和建筑物的影响或破坏程度。一般震级越高，震中地区烈度越大，距震中越远则烈度越小。一般浅源地震产生的破坏程度大、烈度高，而深源地震虽震级较大，但产生的破坏程度较小。我国使用的烈度表共分 12 度。距震中越近，烈度越高。通常而言，3～5 度，人有感觉，静物有动，但无破坏性；6 度以上，会对房屋造成不同程度破坏。等震线是指根据具有相同地震烈度的地点连接起来的线。

虽然世界上的大部分地区都发生过地震，但从全球范围看，地震主要集中在几个狭长的带中，也就是板块构造理论中板块边界所在的位置。世界上的很多地震主要集中在几个地震带中，其中环太平洋地震带最为重要，世界上 80% 的浅源地震、90% 的中源地震及 100% 的深源地震都集中在那里。其次是地中海—喜马拉雅地震带和大洋中脊地震带。

由于我国处于环太平洋地震带与地中海—喜马拉雅地震带所夹地带，地震活动频发，且分布广泛，1976 年的唐山地震（7.8 级）就位于环太平洋地震带上。

（二）外力地质作用

外力地质作用是在太阳能的主导之下，由地壳表面的水、空气、生物来完成的。外力地质作用其作用方式有风化、剥蚀、搬运、沉积和成岩作用。其总的趋势是削高填低，使地面趋于夷平。这些地质作用是互相连续的，而又是时时开始时时进行着的，是地表岩石的破坏过程，也是沉积岩和外生矿床的形成过程。

1. 风化作用

地表或靠近表层的岩石，由于长期在阳光、空气、水和生物的作用下，发生崩裂、分解等变化过程，称为风化作用。

（1）物理风化作用

所谓物理风化作用，即在风化的过程中，岩石只发生机械破碎，而不改变化学成分的作用。一般温度的变化、水的冻结等都能引起物理风化。

（2）化学风化作用

其主要是在 H_2O、O_2、CO_2 及各种酸类影响下引起岩石和矿物的化学分解作用。这种作用不仅破坏岩石和矿物，改变其化学成分，而且还会产生新矿物。如硬石膏与水结合，可形成石膏。

（3）生物风化作用

生物风化作用是指生物活动和死亡所引起岩石的破坏作用，不仅有机械破坏，而且也有化学分解。

2. 剥蚀作用

通过自然作用将风化产物从岩石上剥离下来，同时也在一定程度上破坏了未风化的岩石，不断改变着岩石的面貌，这种作用称为剥蚀作用。风、冰川、流水等都能引起剥蚀作用。

3. 搬运和沉积作用

风化作用的产物，除小部分残留在原地外，绝大多数都被各种地质营力（风、冰川、流水、海浪、重力、生物等）搬运至沉积区沉积下来，形成沉积物的过程，称为搬运和沉积作用。碎屑物质和黏土物质等以机械搬运为主，胶体及溶解物质以胶体溶液或真溶液的形式被搬运。

（1）机械搬运沉积作用

被搬运的物质主要是物理风化过程中所形成的机械破碎物（碎屑、黏土等）。其搬运距离与碎屑物质的颗粒大小、形状、密度和介质的搬运能力（主要指流速）有关。一般粗大的碎屑物多以滚动、滑动或跳跃的形式被搬运，细粒的可呈悬浮状态被搬运。在机械搬运的过程中，除对被搬运物质继续进行破坏外，还会进行分选和磨圆作用。

由于搬运介质搬运能力的减弱，所以在适当地段，根据颗粒大小、形状和密度依次沉积被搬运物质，称为机械沉积。沉积物颗粒由粗变细，故形成的岩石依次为砾岩、砂岩、粉砂岩、黏土岩等不同粒级的岩石。此外，在机械分异作用下，还可以形成许多有经济价值的砂矿床，如铂、金、锡、锆石、金刚石等。

（2）化学搬运和沉积作用

化学搬运和沉积作用包括胶体溶液和真溶液的搬运和沉积作用两种情况

①胶体搬运和沉积作用。呈胶体溶液状态被搬运的物质，在搬运的过程中，当介质环境的变化（或其他种种原因），胶体质点所带电荷被中和时，就会因此凝聚，形成较大的质点沉淀下来。例如，由大陆淡水形成的胶体溶液和富含电解质的海水相遇时，即可引起胶体沉淀。故在海滨地区常可见由胶体沉积形成的赤铁矿、锰矿等。

②真溶液物质的搬运和沉积作用。呈真溶液被搬运的物质流到适当的地区（注水盆地）以后，通过化学反应，或蒸发等过程，从溶液中沉淀出来，其所形成的岩石称为化学岩。

（3）生物搬运和沉积作用

生物对物质的搬运和沉积的作用方式可分为以下两个方面。

①促进介质中某些物质的搬运和沉积。例如，铁矿床的生成与细菌有关。又如生物活动吸收和排放出的 CO_2 可影响碳酸盐的溶解和沉淀。

②直接作为物质沉积，生成生物沉积岩。如可燃有机岩（煤、石油等）、生物石灰岩、磷灰岩等。

4. 成岩作用

使疏松的沉积物再经过压固、胶结、重结晶等作用后，变为沉积岩的过程，称为成岩作用。

（1）压固作用

在沉积物形成的过程中，由于地壳不断下降接受沉积，先堆积下来的沉积物在上覆沉积物及水体的压力下，使体积压缩、孔隙度变小，水分减少（脱水），密度增大，逐渐变成沉积岩。由黏土沉积物向黏土岩转变，由碳酸盐沉积物向碳酸盐岩转变，这些都是压固作用的结果。

（2）胶结作用

在碎屑物质沉积的同时，水介质中以真溶液或胶体溶液性质搬运的物质，也可以发生沉积，形成钙质、硅质等沉积物。这些物质充填于碎屑沉积物颗粒之间，降低了沉积物的孔隙度，并使其黏着在一起，再经过压缩、脱水作用，并形成坚硬的碎屑岩。

（3）重结晶作用

由于地壳下降，使化学沉积物或某些非晶质，细粒物质被埋在地深处，在较高的温度和压力作用下改变结晶质或使颗粒变粗的作用称再结晶作用。例如，胶本物质变为黏土，松散的碳酸钙沉积（絮状物）变为坚硬的石灰岩等。

（三）内外力地质作用的相互关系

1. 内外地质作用的相互作用

内力地质作用所引起的变化主要是建设性的，但有时也兼有破坏作用。例如，岩浆（炽热的熔岩）上升或吞并和熔化上层某些部分，继而又凝固或侵入上层并破坏它的完整性，同时又把它填充胶结起来而成为一个新的比较复杂的整体。外力地质作用在大陆上主要是破坏性的，而在海洋中则主要是建设性的。

内力地质作用总的趋势是造成地壳表面的起伏不平，外力地质作用则为削高填低，使地壳趋于夷平。内力地质作用造成了地壳表面的起伏不平，为外力地质作用创造了条件，外力地质作用的削高填低又为内力地质作用提供了便利。在内外力地质作用下，地壳就时时处在变化和发展之中，成为一个时时在变化和发展中的矛盾统一体。

2. 地壳物质组成的相互转化

组成地壳表层的三大类岩石——岩浆岩、沉积岩和变质岩，它们并不是静止不变的，在内、外动力的作用下，它们是可以相互转化的。岩浆岩和变质岩形成于特定的温度、压力和深度等地质条件下，但随着地壳的上升而逐渐暴露在地表，在外动力的长期作用下，被风化、剥蚀、搬运，并沉积于新的环境中，后经成岩作用形成沉积岩。而沉积岩随着地壳下降埋深达到一定温度和压力时，又能转变为变质岩，甚至熔融成岩浆，再经岩浆作用形成岩浆岩。

第二节　全球矿产资源的概况

一、全球与中国矿产资源的现状

（一）全球非能源矿产资源年开采量很高

根据多方统计数据估算，2015 年全球铁矿石开采量达到 33.2 亿 t，铜矿石开采量超过 25 亿 t，金矿石开采量为 14.6 亿 t，银矿石开采量估计达到 67 亿 t（全球 2/3 的银产量以共伴生矿产产出，独立银矿石开采量仅占 1/3），铝土矿开采量估计达到 2.9 亿 t。本书介绍的 18 种主要非能源矿产 2015 年的矿石开采总量估计接近 100 亿 t 比 2015 年全球煤炭 78 亿 t 的开采量还要多。

非能源矿产的开发满足了社会经济发展的物质需求，同时也创造了巨大的社会财富。2015 年全球铁矿的初级终端产品粗钢的年产值达到 4 900 亿美元，铝土矿生产的初级产品电解铝年产值达 1 120 亿美元，铜矿初级产品电解铜年产值达 1 080 亿美元，这些资源的开发为全球经济发展做出了巨大贡献。

矿产资源是人类社会生存与发展的重要物质基础，人类对矿产资源的开发利用有力促进了生产力发展和社会文明进步。人类文明的发展史与矿产开发利用密切相关，从旧石器时代到新石器时代再到青铜器时代、铁器时代，直到今天的电子信息时代，人类开发利用矿产资源水平的每一次巨大进步，都伴随着一次社会生产力的巨大飞跃。

现代社会发展生产所需的大多数原材料、能源、农业生产资料等都来自矿产开发。重要工业部门如冶金、化工、电力、建材、机械、轻工、交通等领域的生产，或以矿产品为其燃料和原料，或以矿产品为其主要产品。我们每天都在使用的产品从厨具到手机，从空调到电视，从住宅到桥梁，从汽车、火车、飞机到轮船，还有化肥、催化剂等，这些都主要来自矿物原料。全球最大的矿业公司之一——英美黄金阿散蒂公司首席执行官马克先生 2012 年指出：全球矿业直接和间接带动的行业对全球 GDP 的贡献率超过了 45%。

虽然发达国家的人均矿产消费量已趋于稳定，但由于全球人口增长、发展中国家人民生活水平不断提高、新技术产业发展等因素，全球矿产资源的需求还在不断上升。

展望未来，人类发展对矿产资源的需求进入了新的历史时期，以新能源、新材料和信息技术等为代表的新技术产业的发展正在改变并将继续改变人们的生活方式，并深刻影响人类社会未来发展。作为发展高新技术产业的关键原材料，七大类矿产资源必不可少，这七类矿产包括稀土、稀有金属、稀散金属、铂族金属、轻金属、重金属和非金属。其中大多数用于新技术产业的矿产品品种目前难以替代。例如，广泛应用于电动汽车、风力发电等行业的磁性材料需要的稀土、钴、镍等矿物原料；人们普遍使用的各种移动电子设备及电动汽车储能材料需要的石墨、锂、钴、萤石、磷灰石等矿物原料；光伏发电需要用到的高纯石英、铟、硒、镓等原料；LED 光源和发光材料需要的镓、稀土等原料；芯片、集成电路、显示器需要的镓、锗、铟、碲、硒、锡等原料；石墨烯需要用到的原油或天然石墨等原料。可以预计，与新技术产业相关的矿产需求将以较快的速度增长。

（二）中国因素

最近几十年，我国工业化和现代化进程的发展速度举世瞩目，同多数工业化国家经历的过程相似，高速发展的经济需要大量的矿产资源作为基本物质条件，尤其是我国这样一个国土辽阔、全球人口最多的国家。几十年来，我国对主要矿产品的需求成倍增长，大宗矿产产量和消费量占全球总量的 40% ～ 50%，有的品种甚至达到 60% ～ 70%。最近 20 年，世界矿产需求增量大部分都来自中国，由此形成了长达十几年的大宗商品超级周期。我国已成为主要非能源矿产品消耗量最大的国家，每年不仅进口大量的铁精矿、铜精矿、铝土矿、铅精矿、锌精矿、镍矿，甚至还需要进口相当数量我国传统的优势资源矿种，如锡精矿、钨精矿、锑精矿等，以满足下游加工业的需求。2016 年，我国的铁矿石进口量达到 10.24 亿 t，占到全球铁矿石总产量的 46%，铝土矿进口量达到 5 178 万 t，占全球铝土矿总产量的 20%，镍矿进口量达到 3 200 万 t，铜精矿进口量达到 1 696 万 t，锌精矿进口量达到 200.7 万 t，铅精矿进口量达到 141 万 t。

二、全球矿产资源的未来

全球矿产资源的未来发展体现在以下几个方面。

（一）全球矿产资源需求仍将增长

中国作为全球经济增长的发动机，目前的经济发展进入了新的历史时期，作为全球非能源矿产需求量最大的国家，我国未来矿产资源需求增速将放缓，并成为常态，新兴经济体国家和其他人口大国短期内矿产资源的消耗水平难以大幅提高。随着发展中国家人民生活水平提高，全球矿产资源需求量仍将增长，传统的大宗矿产品铁、铜、铝、镍等矿产品的需求增速将放缓，与新能源、新技术相关的稀有、稀散和其他矿产的需求增速正在加大。近年来，锂、稀土、钴、石墨等矿产在新技术领域的需求量高速增长，未来这一趋势仍将持续。

（二）矿产资源不会在短期内枯竭

当然，地球上的矿产资源是有限的，经济发展必然消耗大量矿产资源，除了汞之外，其他几乎所有矿种的消耗量都在持续增长。如果全球矿产消费持续时间足够长，矿产资源就会慢慢枯竭。然而回顾过去的历史，我们知道矿产资源不会在短期内枯竭。

20 年前，全球很多矿种资源储量的静态保障年限就只有 30 ～ 40 年，经过 20 年产量不断增长的开采后，我们发现多数矿种的储量反而有所增加。但是，金属可以再生，矿产资源不可再生，我们终将耗尽矿产资源，二次资源利用、替代资源的开发、新技术的采用将会延缓这一时刻到来。

（三）矿产资源的保障将依靠多种途径

未来的全球经济发展，矿产资源仍然是重要的物质基础，矿产资源的保障将依靠多种途径。

①提高二次资源利用率，在全球推广金属和矿产的循环利用技术。

②扩大矿产勘探区域，寻找更多的勘查靶区，加强传统矿产区 500 ～ 3 000m 深部区域的勘探开发工作。

③改进矿产资源勘探技术，利用大数据分析改进地球化学和地球物理找矿方法；研发新的高精度磁、重、电探测仪器，改进钻探工艺设备；发展钻孔结合电法、磁法等物探深部找矿技术。

④研发矿产资源开发利用新技术，提高矿产资源利用率，扩大矿产资源量。推广 GPS 定位、传感器、视频通信技术结合的精密采矿技术；机器人、遥控设备、自动运输设备结合的自动采矿技术；原地浸出技术；难利用矿产的综合利用技

术；低品位矿产的 X 射线和光电选及重磁预选技术；有利于环保和提高开采回采率的充填法采矿技术。应用数字化技术优化采选工艺控制，实现设备大型化和规模化生产，降低生产成本，通过规模化开采，降低开采品位，扩大资源量。

⑤开发新类型矿产资源如海底矿产资源、卤水资源，甚至海水资源的勘探和利用技术。

未来，我们应该更好把握全球矿产资源变化规律，提高矿产资源勘探和开发利用技术水平，拓宽矿产资源供给渠道，立足全球谋划中国矿业布局，为我国经济长期发展提供可靠的资源保障。

第三节 矿产资源开发的生态文明问题

一、矿山地质环境与生态形势严峻

（一）环境污染

1. 大气污染

大气污染源主要来自尾矿天然尘、扬尘、天然气及矿产资源开发利用过程中产生的一些挥发性气体。其中最严重的便是煤矸石堆放区产生的污染。

2. 水污染

我国由于采矿产生的废水年排放量约占全国工业废水排放量的 5%，江河湖海中流入大量未经处理的废水，造成了严重的污染。

（二）生态破坏

1. 采矿严重破坏森林、草地资源

全国已经有 106 万公顷的森林被采矿而破坏。全国矿山开发占用约 26.3 万公顷的草地面积。草地退化越来越严重，退化率从 20 世纪 70 年代的 16% 上升到 37%，平均每年的增长速度为 67 万公顷，而且仍然呈现出不断发展的趋势。因此，有关部门必须高度重视由于矿产资源开发而使得草场退化加剧的现象。

2. 采矿破坏了矿区水均衡

第一，降低地下水位和水资源枯竭，造成生态环境进一步恶化。由于矿井疏干排水，造成大面积区域性地下水位下降，在一定程度上破坏了矿区水均衡系统，造成大面积疏干漏斗、水资源枯竭、地表水入渗，严重影响了矿山地区的生态环境。

第二，产生的废水废渣在一定程度上污染了水体。矿山附近的地表水体，往往作为排放废水、废渣的场所，由此就容易造成水体污染。最近几年，许多矿产地出现了食物、饮水重金属超标的现象。

二、资源节约集约利用水平有待提高

在矿产资源开发中，矿产资源节约集约利用是一个永恒的课题。未实现资源节约集约的矿产资源开发行为存在一定的负外部性问题。如大矿小开，一矿多开，利用被淘汰的技术，采富弃贫，严重浪费了国家资源，流失了国家的所有者权益，产生资源利用上的负外部性。

第四节　矿产勘查与矿山地质工作

一、矿产勘查

（一）矿业权

矿业权是指自然人、法人和其他社会组织依法享有的，在一定区域和期限内，勘查或开采矿产资源等经济活动的权利。矿业权包括探矿权和采矿权。探矿权是指在依法取得的勘查许可证规定的范围和期限内，探矿权人勘查矿产资源的权利。采矿权是指在依法取得的采矿许可证规定的范围和期限内，采矿权人开采矿产资源的权利。

（二）矿产勘查

1.矿产及矿床工业类型

（1）矿产的工业分类

如今，工业用矿产种类繁多，每一种矿产都有各种各样的矿床工业类型，此外在工业上，各种矿产的应用范围也十分广泛，工业对矿石的要求也不尽相同，各种工业类型矿床产出的地质条件、矿床特征和经济意义都不相同。

我国目前将矿产分为以下几种类别。

①能源矿产。如煤、石油、油页岩、天然气、铀、钍等。

②黑色金属矿产。如铁、锰、铬、钒、钛等。

③有色金属矿产。如铜、铅、锌、铝、镍、钴、钨、锡、铋、钼等。

④稀有金属矿产。如锑、锂、铌、钽、锆、镉、镓、铟、稀土等。

⑤贵金属矿产。如金、银、铂、钯、钌、锇、铱、铑等。

⑥冶金辅助原料矿产。如熔剂用石灰岩、白云岩、硅石、菱镁矿、耐火黏土等。

⑦化工原料矿产。如硫铁矿、自然硫、磷、钾盐、明矾石、化工用石灰岩、泥炭等。

⑧特种矿产。如压电水晶、冰洲石、金刚石、蓝石棉、熔炼水晶、光学萤石等。

⑨建材及其他类矿产。如云母、石棉、高岭土、石墨、石膏、滑石、水泥用石灰岩等。

⑩水气矿产。如地下水、地下热水、二氧化碳气等。

（2）矿床的工业类型

矿床工业类型是根据矿床中主要矿石的加工工艺特征和加工方法进行划分的。矿床工业类型的划分基于矿床的成因类型。对大部分矿产而言，其具有各种各样的成因类型。但往往是其中的一些类型在工业上发挥着重要作用，是找矿的主要对象。

例如，铁矿床的工业类型主要有岩浆晚期铁矿床（细分为岩浆晚期分异型铁矿床、岩浆晚期贯入式矿床）、接触交代—热液铁矿床、与火山—侵入活动有关的铁矿床（细分为与陆相火山—侵入活动有关的铁矿床、与海相火山—侵入活动有关的铁矿床）、沉积铁矿床（细分为浅海相沉积铁矿床、海陆交替—湖相沉积铁矿床）、沉积变质铁矿床（细分为变质铁硅建造铁矿、变质碳酸盐型铁矿）、风化淋滤型铁矿床、其他类型铁矿床。铜矿床的工业类型主要有斑岩铜矿、矽卡岩型铜矿、变质岩层状铜矿、超基性岩铜镍矿、砂岩铜矿、火山岩黄铁矿型铜矿、各种围岩中的脉状铜矿。锡矿床的工业类型主要有矽卡岩锡矿、斑岩锡矿、锡石硅酸盐脉锡矿、锡石硫化物脉锡矿、石英脉及云英岩锡矿、花岗岩风化壳锡矿、砂锡矿。

2.矿产的勘查

按照矿产勘查技术方法的原理，其可以分为地质测量法、地球化学方法、地球物理方法、遥感地质测量法、探矿工程法等。这些技术方法，在矿产勘查活动中具有极其重要的意义。

（1）地质测量法

所谓地质测量，即按照地质观察研究，将区域或矿区的各种地质现象客观反映在相应平面图或剖面图上。它的特点如下。

①地质测量法是一种利用直接观察获取地理现象的方法，因此具有极大的直观性和可信性；其通常系统分析和综合整理所获得的地质现象，论述区域及矿区的成矿地质环境，因此该方法具有很强的综合性。

②地质测量成果是合理选择其他技术方法的基础，也是推断和解释其他技术方法成果的基础，因此在各种技术方法中，因此它可以说是最基本的。

③地质测量通常能够直接发现矿产地，测量时它的特点是能够直接找矿。

在矿产勘查的不同阶段、不同地区均应进行地质测量。因此所采用的比例尺分为小比例尺（1∶100万～1∶50万）、中比例尺（1∶20万～1∶5万）、大比例尺（1∶1万或更大）三种类型。各种类型的研究精度和内容有较大差异。

小比例尺（1∶100万～1∶50万）地质测量一般是在地质上的空白区或研究程度较低的地区进行。小比例尺地质测量是一项综合性的找矿工作，主要目的是确定找矿工作布局。

中比例尺（1∶20万～1∶5万）地质测量一般是根据小比例尺地质测量或根据已有地质矿产资料所确定的成矿远景地段及已知矿区外围开展中比例尺地质测量。

中、小比例尺地质测量工作属于区域上的地质工作，一般是由国家投资，地质专业队伍进行工作。目前，我国已完成了1∶100万、1∶50万、1∶20万的地质测量工作图幅，完成了部分1∶5万的地质测量工作图幅。

大比例尺（1∶10 000、1∶5 000、1∶2 000、1∶1 000、1∶500）地质测量一般是在矿区范围内开展的精度较高的地质测量工作。该项工作一般由专业地勘队伍或矿山企业地质队伍根据工作要求进行。

（2）重砂测量法

重砂测量是通过对矿床或含矿岩石中某些有用矿物及伴生矿物在风化、搬运、沉积和富集的地质作用过程中，在残坡积层中形成的重砂矿物的分散量；在水系沉积物中形成的重砂矿物的分散流中的重矿物的鉴定分析，从而实现发现矿床的目的。

（3）地球物理探矿

①物探方法的主要种类。物探方法的主要种类有放射性测量法、磁法（磁力测量）、自然电场法、中间梯度法（电阻率法）、中间梯度装置的激发极化法、电剖面法（按装置的不同分为联合剖面法、对称四极剖面法）、偶极剖面法、电测深法、充电法、重力测量、地震法。

②物探方法的选择。人们通常是按照工作区的三种情况，结合各种物探方法的特点进行选择：一是地质特点；二是地球物理特性；三是自然地理条件等。

（4）遥感地质测量法

所谓遥感地质测量法，即通过综合应用现代遥感技术来研究地质规律，并进行地质调查和资源勘查的一种方法。它从宏观角度出发，注重由空中获得的地质信息，从而分析和判断一定地区内的地质构造情况。

遥感地质测量具有大面积的同步观测，信息丰富、技术先进、定时、定位观测、投入相对小、综合效益高的特点。

遥感地质测量法主要应用于基础地质工作、矿产勘查、地质灾害的监测和防治、土地管理等方面。

3.矿床勘查类型

矿床勘查类型是根据矿床和矿体地质特征，主要是依据矿体各主要标志（规模、形态、品位等）的特点及其变化程度及它对勘探工作难易的影响大小而对矿床进行的分类。划分矿床勘查类型的目的是总结矿床勘查的实践经验，从而能够指导与其相类似的矿床勘查工作。为合理选择勘查技术手段，确定合理勘查研究程度及勘查工程的合理布置提供依据。

4.矿床的勘查

矿床勘查的过程就是对矿体及矿床的追索和圈定过程。

（1）勘查工程总体布置

①勘探线法。勘探工程布置在一组相互平行的勘探线所在铅垂剖面内的一种工程总体布置方式，被称为勘探线法。而勘探线是垂直于矿体总体走向的铅垂勘探剖面与地表的交线。勘探线的布置几乎始终与矿层、含矿带垂直，从而确保各勘探工程沿厚度方向穿过矿体或含矿带。各条勘探线应尽量相互平行，以便能够对比各勘探线剖面的资料，使误差有所减少，从而能够正确计算储量。

②勘探网。勘探工程布置在两组不同方向勘探线的交点上，构成网状的工程总体布置方式称为勘探网。这种工程布置方式，要求所有的勘探工程主要是垂直的勘探工程。由于勘探网适用条件受到了较多因素限制，所以在金属矿床勘探中不像勘探线法那样应用广泛。

（2）勘探工程间距确定

一般而言，勘查中有以下四种方法可以合理确定工程间距，即类比法、稀空法、加密法、数理统计法。但在预查、普查阶段，一般用类比法。

类比法是按照与矿床的勘查相类似的经验来确定勘查工程间距的方法。类比时主要比较成矿的地质条件、矿床地质特征等，采用与其相近似的经验来勘查工程间距。也就是利用国内外勘查类似矿床时选择勘查工程间距的经验，来确定勘查工程间距，这是目前确定勘查工程间距最基本的，也是第一步的方法。类比法在矿床勘探初期比较常用。这种方法只是一种推理，是否符合所勘查矿床实际，还需要通过勘探过程中获得的资料进行验证。勘察时要按照新的资料修正所确定的勘查网度，从而有效防止生搬硬套现象发生。

（三）原始地质编录和矿产取样

1. 原始地质编录

原始地质编录就是在地质勘查工作中，通过对工程（包括坑探、钻探工程）揭露的各种地质现象采样分析鉴定的成果及综合研究成果，直观、正确、系统地用文字和图表表示出来，这些工作就叫地质编录。地质编录是地质工作中一项基本作业，是每个地质人员必备的技能。

（1）原始地质编录的基本要求

①必须真实、客观、全面地编录原始地质。地质人员在编录原始地质的过程中，应该认真、细致、全面地观察和研究地质现象，真实、客观地记录。准确地测量地质体的产状、大小等数据，采集符合要求的标本、样品的规格和数量。在进行编录时，应该区分实际观测资料和推断解释资料。必须在现场进行的编录工作，千万不能事后记录。

②应该及时编录原始地质。地质人员应该随着工作或施工的进展逐日及时编录原始地质。用掌上电子计算机编录时，应该根据规定的格式及时将原始资料和数据存盘、入库。

③原始地质编录资料的修改。当形成原始地质编录资料后，通常是不允许再进行改动的。除非经研究、论证、实地核对、项目负责人批准，才能修改原始编录中的地层及地质体代号、编号、矿体编号、工程编号、岩矿石名称、术语及与此有关的文字描述部分。但其必须通过批注的形式进行修改，标注修改的原因、批注人和修改日期，不得直接在原始资料上进行涂抹修改。

（2）原始地质编录的类型

①探槽编录。探槽原始地质编录的对象是经地质、施工管理及施工人员三方现场验收，施工质量要求相符，并能实现地质目的的探槽。

②探井编录。探井可用于地表及井（坑）下，地表有圆井和浅井之分。圆井主要用于地质填图中遇到的第四系覆盖，并且可以在槽探不能实现地质目的时用来了解第四系厚度及下伏基岩岩性。由于其具有施工方便的特点，所以常用于矿区勘查中。

③钻探地质编录。钻孔原始地质编录是观察钻探取得的岩矿心,并真实、准确地记录观察过程及所揭示的地质现象。具体步骤如下。

a.检查孔深。编录前,编录人员应该详细检查钻探班报表。

b.岩矿心拍照。在检查和整理了岩矿心之后,应该依次用数码相机对每箱岩矿心进行拍照存档。

c.观察记录。

2.矿产取样

(1)矿产取样的概念

在矿体的一定部位,根据一定的规格和要求,以一小部分具有代表性的矿石为样品,来确定矿产质量、某些性质和矿体界线的地质工作,人们称之为矿产取样。矿产的取样工作也类似于原始地质编录,应该在矿床地质研究的各个阶段进行。如果矿石的质量完全均匀,取样工作就变得非常简单,只需随机选择少量样品。但事实上,自然界中任何矿体的矿石质量都是不均匀的,它们总是在空间上发生各种各样的变化,因此在取样的过程中,地质人员必须充分关注样品的代表性、全面性和系统性。

(2)矿产取样的种类

①化学取样。化学取样的目的在于通过化学的方式来分析采集的样品,并确定其有用及有害组分的含量,据此可以圈定矿体的界线,划分矿石的类型和品级,同时了解开采矿石的贫化和损失。

②技术加工取样。其目的是测试一定重量样品的选矿、烧结等性能,了解矿石的加工工艺和可选性质,从而确定选矿、烧结的生产流程和技术措施,并且能正确评价矿床。

二、矿山地质工作

矿山地质工作的内容包括开发勘探和矿山地质管理两部分。开发勘探按时间又分为两个阶段:矿山基建时期的基建勘探和生产矿山的生产勘探。习惯上,人们通常把矿山地质工作分为两大部分,即生产勘探和矿山地质管理工作。

(一)生产勘探

1.生产勘探工程手段选择

相比地质勘探,生产勘探采用的工程手段存在很多共性,但也有其特殊性。

在生产勘探中，槽探、井探、钻探、坑探等工程手段仍是主要手段，但各种工程采用的比重和目的却不是完全相同的。

生产勘探工程的选择必须依据具体的矿床地质条件、矿山生产技术条件及经济因素进行综合考虑、合理取舍，比如矿床地质构造、水文地质条件比较简单，矿体规模大、矿化较均匀、产状比较稳定、矿体形态及内部结构比较简单，一般以钻探为主，反之则坑道作用增大。

另外，矿山采矿方式、采矿方法、采掘（剥）生产技术条件及生产要求对生产勘探工程的选择也有重要影响。

①砂矿及风化壳露天开采多用浅井、浅钻或两者相结合。

②原生矿床露天开采以地表岩心钻、平台探槽为主，也可利用露天炮孔。

③采用地下开采方式时，多以坑道和坑内钻探为主。中深孔或深孔凿岩也常用于生产勘探。

（1）露天开采矿山常用的生产勘探工程手段

①平台探槽。其主要用于露天开采平台上揭露矿体、进行生产取样和准确圈定矿体。对于地质条件简单，矿体形态、产状、有用组分品位稳定而不要求选别开采的矿山，探槽可作为主要的生产探矿手段。地质条件比较复杂时，其只能作为辅助手段。

探槽规格一般较小，一般宽 × 深为1m × 0.5m（深度视掩盖物厚度而变化）。

探槽施工可以经常进行，也可与平台剥离采矿相配合（即按开采台阶）分期集中进行。施工前应先推去平台上的浮渣，再用人工挖掘。

②浅井。浅井广泛用于探查砂矿及风化矿床的矿体。其作用在于对矿体进行取样和圈定，测定含矿率，并检查浅钻质量。

（2）地下开采矿山常用的勘探工程手段

过去，在我国地下开采矿山中，通常采用坑道勘探或坑道配合坑内钻进行勘探，中深孔或深孔凿岩则常用于矿体的二次圈定。

①坑道探矿。坑道探矿虽然成本高，效率较低，但由于其具有某些特点，所以仍然是生产勘探中的主要手段。

坑探对矿体了解更全面，所获资料更准确可靠，特别是对矿化及地质现象的观察比钻探或深孔取样更直接、更全面。

由于人员可直接进入坑道，可及时掌握地质变化情况，便于采取相应措施（如改变掘进方向等），以达到更准确获取地质资料的目的。

有利于探采结合，探矿坑道如为以后采矿所用，则可利用采矿坑道探矿，可以有效降低成本。

可为坑内钻或深孔取样探矿提供施工现场,达到间接探矿的目的。

②钻探。a.地表岩心钻探矿。当矿体埋藏不深时,可采用地表岩心钻在原有勘探线、网的基础上进行加密,达到储量升级的目的。b.坑内岩心钻(坑内钻)探矿。其指在勘探坑道或生产坑道内利用钻孔进行的探矿工作。坑内钻可进行全方位,不同角度施工,具有效果好、操作简单、效率高、成本低、无炮烟污染等优点,因此已成为地下开采矿山广泛采用的生探手段。

(3)中深孔或深孔凿岩探矿

它是指利用各种中深孔凿岩机打眼收集岩粉、岩泥,确定矿体边界,以控制和圈定矿体的探矿方法。其一般用于探顶,可代替部分穿脉以加密工程控制及回采前对矿体的最后圈定等。

凿岩机探矿的优点是设备的装卸、搬运比坑内钻更为方便,要求的作业条件也更为简单,特别是用它在采场内进行生产探矿,更具优越性,比一般坑内钻更适于打各种向上孔;与坑内钻相比效率更高、成本更低,可以生产探矿两用(爆破用的炮孔通过取样,可起到探矿作用)。其缺点是不适于打向下孔,所取样品不易鉴定岩性、岩层产状及地质构造等,特别是不易确定矿体与围岩的准确界线。

凿岩机探矿手段确定见矿位置(即矿体与围岩界线)的方法是当岩泥与矿泥颜色不同时,可根据孔中流出的泥水颜色变化进行确定;当岩泥和矿泥从颜色上不易区分时,则必须分段取样通过化验进行确定。如果需要测定品位,则尽管根据泥水颜色可以确定矿体界线,也必须进行取样和化验。

近年来,一些矿山试验采用某些物理方法确定探矿中是否见矿及见矿位置,如荡坪钨矿创造光电测脉仪以测定探孔中所见钨矿脉,取得良好效果。此外,加上适当探头的手提式同位素 X 射线荧光分析仪,也可用于探孔中对某些矿石品位的测定和确定矿体边界。

2.生产勘探工程的总体布置

(1)生产勘探工程总体布置的原则

生产勘探工程总体布置除应遵循地质勘探工程布置的原则外,还应考虑下述原则。

①连续性原则。生产勘探是地质勘探的继续和深化,其工程布置应尽可能保持与地质勘探的连续性,从而能够充分利用已有的地质资料,进行地质综合研究,减少生探工程量。

②生产性原则。生产勘探的工程布置应充分考虑采矿生产工程布置的特点。例如，地下开采矿山各勘探平面间的垂直间距应与各开拓中段的间距一致，或在此基础上加密工程的标高应考虑各种采准工程（如电耙道，凿岩平巷等）的分布标高以利于探采结合；各勘探剖面的水平距离应尽可能与采场划分长度一致，或在此基础上加密。露天矿山当采用探槽进行生探时，各勘探水平就是各开采平台，各勘探水平的垂直间距就是开采平台的高度。

③灵活性原则。对于矿体的局部地段，尤其是形态产状变化较大的矿体，应该灵活地布置生产勘探工程。例如，矿体的某地段产状与总体产状形态不一致（勘探地段矿体走向与勘探线不垂直且交角小于 60°）时，不能机械照搬原地质勘探线方位，而应进行局部方位调整，工程的灵活性布置不仅体现在工程系统的方向或间距可以有所改变，还体现在一些个别工程可以脱离总的布置系统而单独布置在某些必要地点。

（2）生产勘探工程总体布置的方式

①水平面式布置。水平面式布置即把生探工程系统布置在不同标高的水平面上，相当于地质勘探中的"水平勘探"式。

水平面式布置，在地下开采矿山主要用于矿体走向长度不大，而且矿体在水平断面上形状及产状复杂的条件下，由于水平钻孔或水平坑道往往不能平行布置（不能形成系统剖面），而只能在不同标高的水平面上布置水平扇形孔或方向多变的坑道追索和圈定矿体以取得不同中段的地质平面图，露天矿山当使用探槽对各开采平台进行生产勘探时，也采用此种布置方式。

②垂直面式布置。垂直面式布置即把生探工程系统地布置在互相平行的垂直面上，各垂直面均垂直于矿体走向，相当于地质勘探中的"勘探线"式，其不同点是生探工程不是布置在线上，而是系统布置在一些垂直面上

垂直面式布置常用于生产勘探地段尚未有开采巷道的工程条件下。例如，地下开采矿山对深部尚未开拓地段进行生产勘探；露天矿山利用岩心钻对深部进行生产勘探；个别地下开采矿山由于特殊原因主要采用地表岩心钻进行勘探等。此外，地下开采矿山当利用垂直扇形孔取样进行二次圈定时也往往在局部地段采用此种布置方式。

③格架式布置。这种布置实际上是水平面式布置与垂直面式布置相结合，即探矿工程不仅要布置在一定标高的平面上，而且还要布置在一定的垂直剖面上，组成由平面和剖面构成的格架状，这种布置适用于具有一定厚度的矿体正在开采地段的生产勘探；露天矿山采用探槽与钻孔（或爆破深孔取样）相结合的方式进行生产勘探，其也属于此种方式。这种布置方式可以取得更多的，有

工程控制的地质剖面图和平面图，是生产勘探最常用的方式

④棋盘式布置。棋盘式布置是利用沿脉、天井等坑道工程揭露矿体。这些工程把矿体分割成长方形（或方形）矿块，并组成了状如棋盘的坑道系统。这种布置方式适用于矿体厚度可被这些工程全部揭露的薄矿体。例如，某些急倾斜薄矿脉可用矿块上、下脉内沿脉和两侧的天井包围揭露矿体；某些缓倾斜薄矿层，可用矿块上、下脉内沿脉和两侧的上山揭露矿体。

（二）矿山地质管理

矿山地质部门与矿山其他生产、技术部门共同参与的生产管理，统称为矿山地质管理。主要包括以下几个方面的工作。

1. 矿石质量管理

对于矿山企业全面质量管理而言，矿石质量管理是必不可少的组成部分，是为了充分利用矿产资源，满足使用单位对矿石质量的要求，按照国家下达的指标而进行的一项经常性工作。其主要内容如下。

（1）矿石质量计划的编制

矿石质量与产量计划是矿山采掘生产技术计划的核心，相关规定要求矿石质量计划必须与采掘计划同时编制、上报、考核、验收和下达。一般而言，矿石产量计划由采矿技术部门及计划部门编制；矿石质量计划由地质部门制订。但在具体工作中，两者必须紧密配合，在保证满足规定的质量指标（包括有益、有害组分的含量规定等）要求的前提下，按矿床中矿石质量分布的特点，结合采掘技术政策，编制出矿石回采作业进度、顺序及各采场出矿数量计划。

（2）采出矿石质量的预计和预告

编制矿石质量计划的重点是预计采出矿石的质量（即出矿品位）。显然，矿山生产的安排必须围绕达到预计出矿品位进行。同时，矿石加工利用部门也可根据矿山预计出矿品位采取相应的加工技术措施。因此，矿石质量预计不仅是编制矿石质量计划的需要，同时也为了向采、选部门提出预告。

由于矿山生产是动态的，采出矿石质量随时处于变化之中，这就要求在矿床开采前和开采过程中，矿山地质人员要随时对未采矿石的质量（如矿石类型、厚度等）和采下矿石的质量进行预计（与采掘计划同步），以便有关部门能够掌握矿石的质量变化动态，根据各阶段矿石质量指标的要求，以保证矿石和矿产品的质量。

（3）矿石质量的均衡

各地段、各品级、各类型矿石的地质品位，是矿石本身所固有，为了满足

输出矿石质量规定指标的要求，同时也为了充分利用矿产资源和减少输出矿石品位的波动，必须进行矿石质量均衡（或称为配矿）工作。

矿石质量均衡工作的目的在于有计划地搭配部分低品级、低品位矿石，相对提高其价值。这项工作贯穿于从开采设计到矿石输出等一系列的生产过程中，矿山地质部门要对其进行检查和督促。

（4）矿石贫化的管理

矿石贫化的管理工作是矿石质量管理工作的主要内容。矿石开采中的贫化，将增加采矿及矿石选矿或冶炼的生产成本，有时甚至可以使矿石转化为废石。矿石的贫化有的与矿床地质条件有关，有的与采矿工作有关。因此，矿石贫化的管理工作必须由矿山地质部门和采矿部门共同参与完成。

2. 矿产资源储量管理

（1）生产矿山储量的构成

生产矿山保有储量由地质储量和生产储量（亦称为生产矿量）构成。

地质储量是衡量矿床勘探程度的标志，生产储量是衡量矿山采矿准备程度的标志。

①地质储量是经过地质勘探、基建勘探或生产勘探，依据矿床勘探程度和储量的可靠程度而划分计算的矿产储量。地质储量由平衡表内（能利用的）储量（相当于经济的基础储量）和平衡表外（暂不能利用）储量（相当于边际经济基础储量及次边际经济资源量）构成。按储量的控制程度其可划分为 A、B、C、D 四个级。

②生产矿量即在开采矿床的过程中，按照采矿准备程度对矿产储量进行划分和计算，它是平衡表内地质储量中可以采出的那一部分。其数量等于生产地段工业矿石储量减去设计损失量。

生产矿量的划分：露天开采分为开拓与采准（或备采）两级被称为二级储量；地下开采分为开拓、采准、备采三级，称为三级矿量。

（2）矿山储量的平衡和管理的意义

在矿山基建过程中，井巷工程和探矿工程所揭露的地质情况与原地质勘探所提供的地质资料会有程度不同变化，而在矿山生产过程中，随着生产勘探的开展及采掘（采剥）工程的进行，又使资源储量的类别和规模始终处于动态变化中，其分为两个方面一方面是生探提高了矿床的勘探程度，引起了储量的增减；另一方面由于不断采出和损失而造成储量减少。如果新增储量与消耗储量（采出和损失）平衡失调，就会造成生产的被动。因此，要定期对矿山保有的矿产储量进行变动、核减和注销，随时掌握地质储量、生产矿量之间的变化，并据此调整勘探与开采作业（包括开拓、采准、备采）之间的衔接关系，以保证矿产储量在一定保有标准上的平衡。此外，为了减少开采中矿石的损失，也必须开展资源储量管理工作。

（3）储量管理工作的内容

①储量变动的平衡统计。由于矿石的不断采出、开采过程中矿石的损失及生探过程中对矿体边界品位等的修改，新矿体的发现，矿山保有储量结构（如升级）和数量（如增减）处于不断变化之中。为了掌握储量变动情况，便于指挥管理生产，矿山地质部门必须对储量的变动进行及时统计平衡。

②高级储量保有程度的检查。矿山保有一定数量的控制经济基础储量（相当于 C 级以上储量）是确保矿山正常生产的一个基本条件，但直接保证生产和提供采矿准备工程设计用的是高级储量（探明的经济基础储量相当于生探 A 级储量和地质勘探的 B 级储量）。因此，矿山企业除了要求保有足够数量的工业储量外，还特别要求保有一定数量的高级储量。高级储量保有程度的原则在于确保生产衔接，其保有期限应按照具体采掘条件确定，一般应不低于开拓储量保有期限的要求，矿山地质部门应对高级储量的保有程度进行定期检查。

③三级矿量保有期限的检查与分析。三级矿量（露天矿山为二级矿量）是指矿山在采掘过程中，按照不同的开采方式和采矿方法的要求，用不同的采掘工程所圈定的矿量。

划分三级矿量并确定一定的保有期限，是保证开拓、采准和回采衔接周期，即保证各工序衔接（开拓超前于采准，采准超前于切割）的各级储量所必需的规定时间，换句话说，较低一级矿量应能为获取较高一级矿量的采矿工序提供足够的数量（即保有期限）。

矿山地质部门有责任对三级矿量的保有情况进行经常检查与分析，并督促有关部门及时采取措施，保证达到保有期限指标的要求。

④资源储量的变动与注销。生产勘探活动、矿石的采出及由于采选技术和市场环境变化引起的矿床工业指标的改变等，均会带来资源储量的增减。矿山地质部门每年均需进行生产勘探及采掘（剥）程控制地段资源储量的增减计算，并填报矿产资源储量表和管理台账。此外，针对由于开采减少、开采境界外技术上难于单独开采或单独开采经济上不合理、设计中必须保留的永久矿柱、工业指标变动引起的储量减少及自然因素不能回收等情况矿山地质部门应通过编制年度资源储量表上报地矿主管部门，申请注销这部分储量，并待地矿主管部门审查批准后，从平衡表中将这部分储量消减。

⑤矿石损失的管理。矿石生产中应尽可能减少矿石的损失，以充分回收国家资源。开采中矿石的损失既与矿床的地质条件有关，也与采矿工作有关，因此必须由矿山地质部门和采矿部门共同参与矿石损失的管理工作。

3.现场施工生产中的地质管理

随着工作面的推进，必然会有各种新的地质情况发生，有些可能是在生产勘探的过程中所未考虑到的新情况，这就需要地质人员和采矿人员一起采取一定的应对措施，必要时甚至修改原设计。另外，对于施工中的质量（方向、坡度、规格等）问题，地质人员也必须随时检查、监督，起到"眼睛"的作用。

（1）井巷掘进中的地质管理

①掌握井巷掘进方向。沿脉巷道要沿矿体或紧贴矿体底板掘进，而运输大巷一般应在含矿层底盘并与矿体底板保持一定距离，如发现矿体界线与原设计有变化而偏离巷道，地质人员应及时指出，并与采矿人员共同研究解决。另外，对于施工之中巷道偏离设计方位，要及时发现和纠正。

②掌握井巷掘进的终止位置。例如，多数穿脉要求穿透矿体顶底板后（一般为 1～2m）即终止掘进，地质人员应经常到现场观察，及时指出终止地点。

③掌握构造变动情况。其中包括对掘进影响很大的断层，地质人员应及时到现场观察，判断断层的类型、产状等，从而便于掘进施工部门及时采用那些有效的过断层措施。

④参加安全施工管理。矿山生产中的很多安全问题直接与地质条件有关。地质部门应该及时发现其征兆，及时预告生产部门，并一起和有关部门商讨预防事故的措施。

（2）采场生产中的地质管理工作

①开采边界管理。开采边界不正确会造成开采中矿石的损失与贫化。回采中常有实际边界与生产勘探所圈定的边界不符的情况，此时对于用深孔采矿的地下采场，可利用打深孔取矿（岩）泥的方法对矿体进行二次圈定，以保证开采边界准确；对于浅孔采矿的地下采场，地质人员应与采矿人员密切配合，在现场用油漆或粉浆等标出开采边界，以指导生产；对采场帮上的残留矿石，也应标出并及时扩帮。

在开采过程中，有时会出现一些支脉，地质人员应认真收集资料，必要时可进行补充勘探，即所谓"边采边探"，如支脉有一定规模，往往可能新增部分储量。若采场有条件时可以同时开采已探清部分，即所谓"边探边采"。除此之外，余下部分待探清和条件具备时再进行开采。

露天开采的边界管理：除要掌握剥离境界外，更要指导矿、岩分别爆破及分别装运。为了指导分爆、分装及分运，矿山地质部门应提供爆破区地质图之类的图件，并用一定标志（如小旗、木牌等）在现场直接标出矿、岩分界。

②现场矿石质量管理。实际上，上述开采边界管理也包括了部分质量管理，即通过掌握开采边界而减少矿石贫化。另外，现场管理中主要是为了实现矿石质量计划和质量均衡方案。例如，指导不同类型、不同品级矿石的分爆、分装及分运工作；指导现场矿石质量均衡（配矿）工作等。

③参加安全生产管理。地下采场中也可能遇到与地质条件相关的安全问题（如断裂构造、顶板岩石的稳固性等），特别是采场往往有更大的暴露面。地质人员应协同采矿人员加强这方面的管理；在露天采场，地质人员应经常注意边坡稳定情况，与采矿人员共同研究预防边坡滑动或垮落的措施。

④参加结束采场的验收。

4. 采掘单元停采或结束时的地质工作

（1）采掘单元停采中的地质工作

大型采掘单元的停采是一种不寻常的现象，其通常是由于发现了具有更优越的开采和利用条件的矿床，或由于技术、经济等方面的原因。而小型采掘单元（如地下采场或中段）的停采，则可由矿山采掘顺序的调整或矿石产量的调整等原因造成。

应该说，停采只是开采的暂时中断，因此停采时的地质管理工作，目的是为了给以后重新恢复生产打下基础。具体地说，一方面是为了给复产提供必要的地质资料；另一方面也是为了方便今后地质工作在复产过程中的衔接。

（2）采掘单元结束时的地质工作

采掘单元的结束，大部分是由于已无继续可开采的矿石，但也可能是由于发生重大事故（如大面积岩体移动）破坏了继续开采的条件，或由于地质条件与设计时所掌握的地质资料发生重大变化，以致在现有技术经济条件下已不具备继续开采的价值或可能。

采掘单元结束时，需要报销储量和拆除设备，因此必须极为慎重。

第二章　矿产资源开发的环境影响

某种程度上，人类的资源开发史就是半部人类发展史。资源是人类生存与发展的物质基础，矿产资源开发直接影响着人类社会经济发展，而矿产资源开采不可避免地会造成不同程度的环境破坏和损害，对矿产资源的不合理开发对环境造成的影响是不可挽回的，重视矿产资源开发下的环境保护，现已成为当前中国在经济建设过程中刻不容缓的问题。本章主要阐述矿产资源开发的环境影响问题。

第一节　矿产资源开发的环境破坏分类

一、概述

矿产资源对人类社会文明的发展来说是必不可少的物质基础。据统计，人类每年都会进行大量矿产资源开发，有上百亿吨，若是换个角度来计算，如把开采废石和剥离矿体覆盖层的土石方计算在内，得到的数据将会更加惊人。在人类如此巨大的矿山开挖工程影响下，矿山开挖势必会给环境造成巨大压力。随着人类不断加强对矿山的开采力度，以采矿为目的的一系列工程活动，加剧了环境问题与地质灾害问题。因此，矿产资源开发利用所产生的环境问题，已经开始引起各国的重视。我国针对矿产资源的开发利用过程中的环境破坏问题，从环境保护与污染防治两个角度出发，双向保证在开发矿产资源发展经济的同时，实现环境保护、治理同步发展，实现可持续发展、和谐发展。

矿产资源开发利用，对环境产生的影响是长期而复杂的。其影响方式，既可以是长期的或短期的，也可以是直接的或间接的。人类在开发利用矿产资源的进程中，产生了一系列的生态环境问题，具体表现在地球表面和岩石圈相对平衡的自然状态遭到了改变与破坏，地质环境也随之不断发生改变与恶化，进而使生态环境失衡；还表现在以矿产开发利用为中心的生产活动，"三废"排放严重的同时，由矿产开采而引起的地面变形问题正在不断加剧，使人类的生存环境急剧恶化，生态环境问题越发严重。

地质环境是一个复杂系统，矿山各种环境问题和地质灾害是以矿产开发为诱发因素的，受矿区构造特征及与之相关的区域地壳稳定性的影响的同时，也离不开人类经济活动的影响控制。这些引发各种环境问题的因素，决定了地质人员在针对矿山环境问题和地质灾害进行研究时，要从成因和受灾体两个方面进行分析和研究。以研究对象为立足点的矿山环境研究内容，要从矿山具有的地质环境、水环境、生态环境，还有大气环境和空间环境等角度出发，进行分析与研究。

矿区的建设与开发，是出现各种环境问题和地质灾害的主要成因，影响着区域社会经济发展，并且矿产资源开发产生的废气、废水等污染也影响着人类的身体健康。随着社会经济发展需求增加，矿区开采的规模、深度和时间，都在不断扩大、延深和延长，这样一来必然会导致矿山环境自身平衡破坏及其他环境问题产生。随着采矿诱发环境问题的增多、增强，带来的负面影响越加严重，严重背离了矿山环境及矿业可持续发展的原则。因此，针对矿山环境问题进行有针对性调查和科学分类研究，其最主要的目的在于找出可以更好平衡人与矿产开发和环境的方法，找出有针对性的防治对策措施。

针对矿山环境问题进行分类是当前环境地质学研究的重要方向，是现代矿床水文地质学，还有相关环境地质学理论中不可缺少的重要组成部分。围绕着复杂的矿山环境问题，进行科学分类研究，可以进一步完善和发展现代环境地质学相关理论基础；有助于对矿山环境调查评估评价进行有效指导的同时，也可以为矿产开发的后续研究，如对预测预报、保护与复垦治理等工作的进行，指明方向。

当前针对矿山环境问题进行分类的方法主要有三种：第一种方法是依据矿山存在问题的性质进行分类；第二种方法是依据矿山开发阶段进行分类；第三种方法是依据矿种类型进行分类。矿山开采对环境产生的影响是多面且复杂的，不同类型的矿山企业的开采工艺和影响环境的强度不同，它们对环境的影响方式也有所差别。

我国具有丰富的矿产资源，并且是最早对矿产资源进行开发利用的国家之一。新中国成立后，我国矿业获得了前所未有的大发展。目前，在全国范围内工业生产方面，矿产资源不仅提供了80%以上的工业原料，更是提供了92%以上的一次性能源。在全国农业生产方面，矿产资源所提供的农业生产资料超过70%。

除了矿藏量丰富之外，我国的矿种也属世界前列，新中国成立以来，已发现的矿产有 171 种，更是有 20 多万处的矿床和矿点，目前已发现 158 种矿产，21 276 处矿区已探明储量，经过预测不少矿种的探明储量均属世界前列，其中居世界前三位的矿种就有 20 多种。依据相关资料我们可以得知，自改革开放以来，我国矿业在国民经济中的基础地位是不可动摇的，其已成为我国在社会经济发展方面的重要支撑力量。

然而遗憾的是，尽管矿产资源的开发利用满足了经济社会发展的需求，但是也对矿区的自然环境，造成了强烈改变和破坏，进而产生了一系列的环境问题。

这些矿区本身的地质环境和生态系统，已经十分脆弱，这些环境问题不仅阻碍了资源的开发，还制约了社会经济的可持续发展。在薄弱的地质环境基础之上，进行大规模的资源开发，或是开展各类经济活动，无疑是对当地矿山地质环境与生态系统的严峻挑战，势必会加重当地环境问题，如加剧水土流失加重、地面变形、破坏等环境问题，形成恶性循环。

从矿产大规模开采本身所具有的性质来说，其势必会使地貌景观由于矿产资源的搬运而造成改变，同时也会占用大量的土地，用以废弃物堆积。由矿产开发活动而产生的矿区尘埃也会对空气质量产生影响，有关部门尽管对矿井排水和减少污染不断加强控制，但是水资源仍旧会遭到破坏。存在于废矿石中的微量元素，当被雨水淋滤出渗透进土壤或水体之中，就会间接对植物乃至人类产生有害影响。随着采矿活动开展，势必会使土地、土壤、水、空气产生物理变化，而这些变化均会直接或间接对生物环境产生危害。

二、环境破坏分类

目前，世界上年产 15 万 t 以上矿石的矿山大约有一半是露天开采，矿石产量的 75% 左右来自露天开采。许多大矿山，如美国明尼苏达州希宾铁矿、新墨西哥州圣利塔铜矿、中国的山西平朔煤矿等，都是露天开采的。位于美国犹他州的北美最大铜矿露天采场椭圆形的采坑长达 7.5km、宽约 4.5km，深度近 1 000m。露天采矿对环境的影响主要表现为占用大量土地，彻底改变矿区地表的景观。

澳大利亚查莱斯金矿区，在开发矿产之前本是一片绿色的原野，之后为了满足选矿厂的矿石需求，这里每天都进行大量开矿作业，将矿产从土体中剥离出来，剥采比高达 15∶1，而这些剥离出来的土体，不仅占用了大量的土地，还由于该地区的生态环境遭到破坏，而形成了荒漠化景观。

我国重点金属矿山，采用的开采方式多是露天开采，约占 90%，每年都会剥离大量的岩土，其中最直接带来的影响就是露天矿坑及堆土（岩）场，占用了大片农田。采矿把矿区土地破坏得面目全非，原有的生态环境再也不能恢复。植被和土壤覆盖层被剥离，废石堆随处可见。

露天采矿对环境造成的影响除了破坏大量土地外，与采矿工程相配套的设施，如土场、尾矿库和厂房，还有附属设施如住宅等，所占用的土地通常是采场的几倍。因此，露天采矿不仅会加剧对自然景观和生态环境的破坏，还会由土地而引发工农业争地的矛盾。根据辽宁省鞍山东鞍山铁矿、大孤山铁矿、眼前山铁矿、齐大山铁矿、弓长岭铁矿统计，5 个矿山总占地面积 97.68km^2，其中采场占地面积 17.88%，排土场、尾矿库、附属设备占总面积的 82.12%。

矿业活动会对环境造成损害是人尽皆知的，环境问题的产生受到矿产种类、开发方式、环境地质背景及矿山企业的规模和性质的直接影响，而产生不同程度的危害，即不同的矿山，因需要开采的矿种不同，所导致的环境问题也是不同的。煤炭以露天开采的方式，将会导致的环境问题，如下所示。

第一，边坡稳定问题。这一问题主要是由采矿占用大量土地，还有在采场和排土场峰、水复合侵蚀影响下造成的。一方面，排土场煤矿石将会导致酸性渗流污染；另一方面，露天采坑不仅会造成地下水疏干，还会引发区域水下降等问题。

第二，开采造成的水环境问题。矿井涌水问题的存在，打破了排、供水和生态环境之间的平衡，引发了三者之间的矛盾。首先，矿坑排水问题，会导致地面岩溶塌陷的发生；其次，固体废弃物不合理堆放的问题，将会引发泥石流问题等。

第三，金属矿山环境问题。其主要包括了由尾矿废渣堆积，微量元素融入土壤、水域，引发的水体的重金属污染问题，有矽卡岩型矿床的周边冲水问题等。另外，矿区的废石堆积，也会对矿区的地形地貌造成破坏。

第四，由非金属矿山的开采带来的环境问题，主要表现在两个方面：一是大量的粉尘会造成大气污染；二是地陷及严重的水土流失。

第五，石油油田的环境问题。该问题是指由石油油田开采所带来的环境问题，主要污染体现在其对地表水、地下水的污染，还有对土壤的严重污染。

针对矿山环境问题，地质人员从三个角度出发进行了分类，一是环境问题性质；二是矿种类型；三是不同的开发阶段。不同阶段矿山环境主要存在的问题，如图 2-1 和图 2-2 所示。

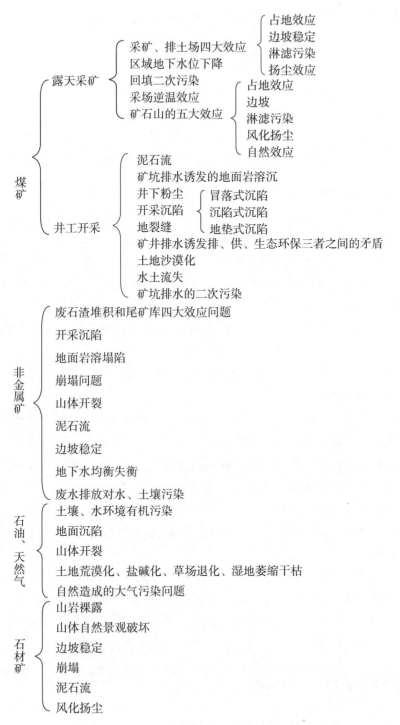

图 2-1　根据矿种划分的矿山环境问题类型

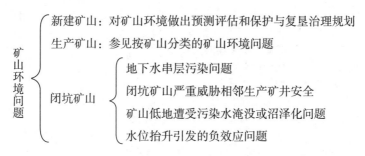

图2-2　根据开发阶段划分的矿山环境问题

　　地球中的各个圈层是相互影响又相互作用的,人类围绕着矿产资源而展开的开采活动,势必会对地球生态环境,造成一定的影响和破坏,其中矿产资源开采活动,对生态环境破坏的最直接表现就是对地表生物圈的破坏,一方面,造成土地破坏,包括土地挖损、塌陷、压占;另一方面,造成地表植被破坏。

　　第一,在地表生物圈堆积的由矿产开采产生的废弃物,如煤矿山自燃,矿产开采产生的粉尘,还有煤层气,CO、SO_2、NO_2、H_2S 等有害气体排放进大气圈,导致大气受到污染,严重一些会形成酸雨。又由于地球各圈层是互相影响的,受到污染的大气,会导致地面植被和生物的生存环境发生改变,使矿区被破坏土地自身所具有的自然修复能力遭到破坏,这样一来不仅会加剧生物圈土地破坏,还会加剧生物破坏。

　　第二,地表生物圈破坏不仅是造成水土流失的主要元凶,还是使地下水遭到破坏的最主要原因。在人类矿产开采活动影响下产生的露天矿、排石堆、尾矿,或大量堆积的矿石山,在受到雨水淋滤后,均会使地表水系受到直接或间接破坏,这些受到污染的地表水系通过渗透进入地下水中,进而会造成水系紊乱。其中,由矿产开采而导致的岩石圈变形,为土地所带来的损害是最为严重的,地表沉陷在破坏土地的同时,也会使水资源遭到间接破坏,从而使地表生物圈也受到影响。

　　第三,从空间角度出发,人类对地下矿产资源开采,为生态环境带来的影响,是存在顺序可言的。首先,受到影响的是岩石圈和水圈(地下水);其次,是生物圈和水圈(地表水);最后,是大气圈和水圈(降雨)。下面我们就举例来进行详述,就煤炭的开采来说,其会对四大圈层造成的损害主要表现,如表2-1所示。另外,在我国不同矿区进行的矿产资源开发,将会对环境进行的破坏如表2-2所示。

表 2-1　煤炭资源开发对生态环境四大圈层的影响

圈层	产生原因及表现
大气圈	粉尘、煤矿石自燃产生的有毒气体、煤层气排放、高硫煤及排放
生态圈	表土剥离挖损、荒漠化、水土流失、植被破坏、塌陷积水、煤矿山堆占土地
水圈	废水排放污染、疏干排水导致的地表水和地下水污染
岩石圈	土地塌陷

表 2-2　我国煤炭资源开发生态环境破坏的区域分布特征

地区	大气圈	生物圈	水圈	岩石圈
华东	—	引发耕地损失与退化	—	煤层沉陷
西北	开采产生的粉尘	土地沙化、水土流失	水污染、水灾	—
华南	煤层气排放、酸雨	—	—	—
西南	高硫排放、酸雨	—	—	—
华北	—	—	地下破坏、水短缺	—

第二节　矿产资源开采对大气环境影响

一、概述

关于资源开采造成的大气污染，总体来说就是，煤矿山开采产生的废弃物，包括了粉尘、废气，还有有毒、有害气体，进入大气层会导致大气自然状态的成分和性质发生改变，大气圈受到影响有可能会导致酸雨发生，使农田受到腐蚀，使土壤发生改变，使生物生存环境同样受到破坏。据相关调查可知，我国的煤炭系统每时每刻都会排放大量的由燃烧而产生的有害物质，以年为单位，排放废气约有 $1\,700 \times 10^8 \text{m}^3$，排放的烟尘有 0.3Mt 以上，排放的二氧化硫约有 0.32Mt。另外，我国每年由煤炭燃烧而泄出的甲烷排放量，占世界甲烷排放总量的 30%。

以露天煤矿开采为例，不管是围绕着表土、基岩和煤层而进行的穿孔、爆破，对岩块和煤炭的破碎，还是煤炭的装载和运输活动，均会有大量的煤尘及其他粉尘产生。在西北干旱降水量少的地区，由矿产开采活动而产生的煤尘及其他粉尘，受到大风的影响，会导致尘暴现象，进而使矿区局部的环境遭到破坏。另外，矿石山在自燃过程中，不管是产生的有毒、有害气体，还是产生的烟尘，均是使大气受到污染的主要元凶。

二、我国大气环境问题聚焦

依据相关调查可以得知，我国的煤矿石积存量十分巨大，并占用了大量的土地，全国上下在燃烧的矿石山约有130座，导致废气的年排放量正在逐年增加，其增长速度约为$4.0 \times 10^8 t$。这些燃烧的煤矿石，有的甚至燃烧了数年，产生了大量有毒、有害气体，如CO、SO_2、H_2S等，并伴有大量的烟尘，这些因素使矿区大气受到了严重污染。产生酸雨的最主要原因就是燃煤产生的SO_2，而我国的部分矿区，其主要产品就是高硫煤，具体可以通过表2-3得知，在我国的诸多矿区中，煤中硫含量最高的地区是西南矿，并且由于燃煤而带来的污染，已在我国的西南、华南、华中等地区形成了酸雨污染。

表2-3　不同地区商品煤平均硫分表

区域	东北	华北	华东	中南	西北	西南	平均
全硫（St·d）（%）	0.54	0.92	1.12	1.18	1.42	2.13	1.16

酸雨会渗透进土壤，对农作物和森林生态系统产生严重危害，并且使地下水体及其水生态系统，受到影响。酸雨还会腐蚀建筑物，不管是建筑物中的金属部件，还是非金属部件，都会受到缓慢腐蚀。酸雨会给人体带来直接的损害，也会给野生动物及植被生存带来极大影响。由于在煤炭开采的过程中，会散发出大量的甲烷气体，若是这些气体不被加以处理与利用，任其排入大气，这不仅会导致臭氧层受到破坏，还会加剧地球温室效应。

依据相关统计可以得知，在国内，存在于烟煤和无烟煤中的煤层气，有$30.0 \times 10^{12} \sim 35.0 \times 10^{12} m^3$，并且这庞大数量的煤层气，多数矿山并没有对其加以利用，而是普遍由井下通风装置，直接排放的空气之中。据统计，我国每年约有$77.0 \times 10^8 m^3$的瓦斯排放量。不同地区的煤层瓦斯，由于受到生成条件和赋存条件的影响而产生变化，导致其在分布上呈现出不均匀特征，具体表现为我国的高瓦斯矿井和高瓦斯矿区，往往集中分布在某些地区。

我国煤层瓦斯排放的分布特点，如表2-4所示。综合我国各大地区的高瓦斯矿井的对数和平均矿井相对瓦斯涌出量，其中华南地区的瓦斯涌出量最高，居全国之首。

表2-4 我国煤层瓦斯的分布情况

区域	矿井数（个）			高低瓦斯井数比重（%）		平均瓦斯涌出量大于20m³/t·d矿区（个）
	总数	高瓦斯	低瓦斯	高瓦斯	低瓦斯	
华南	1 065	516	549	49	51	23
华北	580	173	407	29	71	5
东北	230	120	110	52	48	5
西北	107	16	91	15	85	0
西藏	25	—	25	—	100	0

注：华南为西南与中南包括江西、浙江、苏南和皖南；华北包括山东、苏北、皖北和河南；西藏主要是东部临近云南滇西地区。

第三节 矿产资源开采对水环境影响

一、概述

水环境受到矿产开发的影响，而产生的问题主要有两个方面：一是废水排放污染；二是由疏干排水而出现的地质环境问题。矿区排放的大量废水，其产生原因主要有如下几点。

第一，矿山在建设和生产过程中的一个重要组成部分，即矿坑排水洗矿，人们在这一过程中会使用有机和无机药剂，这些药剂的使用无疑会导致水污染，形成尾矿水。

第二，矿区的露天矿、排矿堆，还有尾矿和矿石堆，这些废矿物本身带有的微量元素，将会渗透溶解进附近水体，从而产生废水。

第三，矿区排放的废水，还包括了其他工业产生的废水，还有由医疗生活而导致的废水等。

由以上原因产生的矿区废水，多数是未经处理就直接进行排放，使地表水、地下水受到不同程度的影响，而产生水污染，这些受污染的废水被用于农业，就会对农作物产生污染，另外其中的有害元素成分，也会经过自然挥发进而污染空气。

在国内，关于选矿废水的单位（年）排放总量，据统计约有 $36.0 \times 10^8 t$，并且这些废水几乎都没有达到工业废水排放标准，其中不乏各种有害金属离子和物质，在固体悬浮物方面，其浓度更是远远超标。以我国北方岩溶地区为例，该地区的煤、铁矿山所产生的矿坑水，每年约有 $12.0 \times 10^8 t$，并且 70% 左右的矿坑水都是自然排放。

矿坑水中的有害物质一旦流入附近的地表水和地下水之中，不仅会直接造成污染，还会直接或间接影响着人、畜和野生动物生存。以江西某地多金属矿床为例，由于矿区大量排放废水，这些矿坑水中的酸性物质，流入河流，造成了河水污染，使水中生物受到污染影响而鱼虾绝迹，水草不生，使矿区附近的河水不能饮用的同时，更是使土壤的物理性质发生变化，农田受到污染，进而使农作物生长受到损害。

人类以海洋勘察、开采石油为目标而进行的钻井等活动，将会导致污水进入海水中，特别是海上平台发生井喷，将会有大量原油喷出，这些原油泄入海水，将会直接导致附近海域水体受到污染，进而使海域生态受到严重破坏。

除此之外，矿山由于疏干排水而引起的矿井突水事故，也时有发生。依据相关调查，近 30 年来，我国主要的煤炭矿区由于突水事故发生所带来的经济损失达 27 亿元。并且在我国某些新井建设时也受到水影响，而久久不能进行投产，导致不能实现矿区的设计生产能力。

就我国北方的主要矿务局来说，其中矿井受水威胁的就有 130 余个，并且随着对矿产的不断开采，开采工程也不断向矿山深部发展，这样一来水压就会不断增加，使突水灾害所带来的威胁越发严重。存在于北方岩溶地区的煤炭矿床储量，具勘探统计有 $150.0 \times 10^8 t$ 以上，并且该地区的铁矿床储量有 $8.0 \times 10^8 t$ 以上，这些矿床均受水的威胁，使矿产开采难以实现。尤其是近年来，由于人们对群采矿山的乱采乱挖，导致大矿涌入了大量的地表水体或废弃矿山的积水，造成积水严重，使国营大矿淹井事故频发。

二、我国水环境问题聚焦

我国沿海地区的部分矿区，由于疏干排水问题，而导致海水入侵，并且其入侵范围仍呈现出扩大趋势，不仅对当地淡水资源造成破坏，还影响了植物生长。

除此之外，更为严重的是，某些矿山由于排水，疏干了附近的地表水，导致浅层地下水得不到补充，进而影响了植物生长；部分矿区在浅层地下水长期得不到恢复的影响下，甚至形成土地石化和沙化，严重破坏了当地的生态环境。

目前，由于采矿而造成矿区及其附近缺水的地区，正逐渐增加，如煤炭大省山西因采矿而形成的缺水地区，涉及了 18 个县，造成了 26 万人余人的吃水困难。在山西大量的水浇地由于缺水变成旱地，以山西晋城地区为例，采矿间接或直接造成了 5 244hm² 耕地变坏，由水浇地变成旱地的有 3 000hm²。

我国甘肃省,由于石油开采,破坏了区域地下水平衡,使其发生大幅度下降,有的地区下降数甚至达到了上百米,造成大面积疏干漏斗,破坏了整个地下水均衡系统,使水资源短缺,井泉干枯,不仅使人们的生活用水受到影响,也影响了工业用水和农业用水。如甘肃省庆阳市,由原本的水源充裕,随着石油开采,使地下水受到严重污染,迫使当地人不得不向他乡买水。

第四节　煤炭开采对土地资源的影响

一、概述

生物圈受到的矿产资源开发的影响，主要包括两方面：一是土地资源的破坏；二是植被等生物环境的破坏。关于土地的破坏述说起来就是指采矿工业占用和破坏土地，主要包括了以下几个方面。

第一，采矿活动所占用的土地，包括了厂房、工业广场等等。

第二，为采矿服务的交通设施，包括了公路、铁路等。

第三，堆放采矿生产过程中产生的大量固体废弃物。

第四，由于矿山开采而导致的地面裂缝、变形以及塌陷等。

据估计，到目前为止，我国采矿工业占用和破坏的土地已达 $13.0 \times 10^4 \text{hm}^2$ ～ $20.0 \times 10^4 \text{hm}^2$。

二、煤炭开采引起的沉陷

我国对煤炭的开采方式主要是矿山井下开采，并且这种方式的煤炭开采量占全国的 95% 以上。以井工开采的方式进行煤炭开采，由于岩石掉落，导致地面发生大面积塌陷积水，破坏大量农田，导致村庄搬迁。因为我国普遍采用井工开采，可以说我国煤矿区遭受的最主要的生态破坏，其原因就来自采煤沉陷。

据估算，全国平均每采出 $1.0 \times 10^4 \text{t}$ 煤就会沉陷 $0.2 \times 10^4 \text{m}^2$ 以上面积的土地，每年由于煤炭开采损伤土地面积达到 $12.5 \times 10^4 \text{hm}^2$，塌陷面积约 $2.0 \times 10^4 \text{hm}^2$，全国已有开采沉陷地 $45.0 \times 10^8 \text{m}^2$。由于我国的地形地貌复杂，各个矿区不仅在地形、地貌、自然环境方面存在差异，还拥有不同的地质采矿环境条件。这些因素的不同导致我国各矿区由于采矿形成的地面沉陷，在对土地的影响和破坏程度上也是存在差异的。

第一，在我国的西北、西南、华中、华北和东北大部分地区的山地和丘陵矿区，由采矿引起沉陷过后，在其地表、地貌方面，不会出现明显变化，也基本不会形成积水，对土地产生的影响相对来说是较小的。

第二，我国黄河以北的大部分平原矿区属于中、低潜水位平原沉陷区，这些区域展开开采活动后，产生的地面沉陷，只会形成小部分常年积水，除此之外，在积水区周围部分缓坡地，较为容易发生季节性积水，从而导致水土流失和盐渍化问题发生，进而对土地产生严重影响。

第三，位于黄淮平原的华东矿区，由于该区域属高潜水位沉陷地，因此在发生地面沉降后，地表会形成积水：一方面，积水的逐年增加，造成耕地绝产；另一方面，由于积水区周围沉陷坡地极易发生季节性积水，在使原地面农田水利设施遭到破坏的同时还会对土地产生严重影响。另外，华东矿区属人口密集区，并且是我国重要的商品粮基地，在这种背景下，采煤沉陷造成的耕地损失和人地矛盾最为突出。

综上所述，我国现有的关于采矿废物的处置仍处于缺乏状态，以煤炭的开采和洗选加工为例，在这一过程中，将会产生大量的煤矿石，同时坑口发电厂由于发电的需要还会产生大量的粉煤灰。在我国现阶段技术经济条件的限制下，这些废弃物的综合利用率只占20%～40%，这才致使侵占农田，环境污染等一系列问题发生。目前，我国对废弃物的综合利用，主要体现在对炉渣及粉煤灰的利用上，占总量的20%～30%。

第三章 金属矿产勘探与资源开发

矿产资源是经过了地质的成矿作用，埋藏于地下或出露于地表，并具有开发利用价值的矿物或有用元素的集合体。矿产资源在被开采出来之前，它的质量、规模和分布状况等技术条件是无法确定下来的，这与其他自然资源是不同的。下面本章将从锰矿、镍矿、锡矿和铝矿的开发为起点，详细阐述这四种非能源矿产的性质、历史、用途和利用趋势等内容。

第一节 锰 矿

一、锰矿概述

（一）锰的性质与用途

锰的氧化物色彩丰富，人类使用锰的历史久远，早在石器时代，人类便开始使用锰氧化物。考古发现，17 000 年前人类使用软锰矿作为颜料涂在洞穴的壁画上；古希腊的斯巴达人则在使用的武器中加入了锰；古埃及人和古罗马人则使用锰矿给玻璃脱色或染色。虽然锰的化合物在很早便被人类使用了，但直到 1774 年，金属锰才第一次被瑞典科学家用碳还原锰氧化物分离出来。

18 世纪末 19 世纪初，英国和法国的科学家开始研究锰在钢铁制造中的应用，并分别于 1799 年和 1808 年在英国获得了认可。1816 年，一位德国研究者发现锰能够增强铁的硬度，却不会降低铁的延展性和韧性。1826 年，德国的皮埃格在坩埚中制造出含锰量为 80% 的锰钢。1840 年，英国开始生产金属锰。1860 年，锰的应用有了重大突破，贝塞麦炼钢法开始使用锰控制钢水中的硫，标志着早期工业革命由"铁时代"向"钢时代"演变，这在冶金发展史上具有划时代意义。1866 年，威廉·西门子在炼钢过程中使用锰铁控制磷和硫的含量，并将这一方法申请了专利。1875 年以后，欧洲各国开始用高炉生产含锰15% ～ 30% 的镜铁和含锰达 80% 的锰铁。1890 年电炉生产锰铁的工艺诞生，

1898年铝热法生产金属锰的方法出现,电炉脱硅精炼法也被用于生产低碳锰铁,1939年人们开始用电解法工业化生产金属锰。随着相关技术不断改进,金属锰产量也在不断增加。

1868年,勒克朗谢制造出第一块干电池,后经改进,该电池使用二氧化锰作为干电池的阴极去极化剂,锰在电池领域的应用推动了二氧化锰需求增长

2016年全球锰矿金属产量约为1 600万t。锰的消费领域也不断扩大,除了90%左右用于钢铁领域外,锰还被广泛用于电池、化工、电子、农业、医学等领域。

1. 锰的性质

锰是ⅦB族金属元素,在元素周期表中的原子序数为25,相对原子质量为54.59。纯锰是一种银白色金属,密度为7.44g/cm^3,熔点为1 244℃,沸点为1 962℃,质地坚硬而脆。锰可以和多种金属形成性质优良的合金。锰作为合金元素可以提高钢的强度、淬透性、硬度和耐磨性,在低合金钢中加入0.8%～1.7%的锰,其强度就能比普通碳钢提高20%～30%,因此锰是钢铁工业中不可缺少的重要合金原料。金属锰化学性质活泼,易溶于酸,在潮湿空气中易氧化,生成褐色的氧化物覆盖层,在升温时也容易被氧化,形成层状氧化锈皮。锰还是人类所必需的微量元素之一,对人体健康有着重要作用。

2. 锰的用途

锰产品种类众多,用途非常广泛,几乎涉及人类生产生活的方方面面。全球每年生产的锰矿石,约90%用于钢铁工业,其余10%用于有色冶金、电池、电子工业、医药、化工等。

（1）钢铁工业

钢铁工业是使用锰的最主要行业,高炉冶炼生铁的过程中,加入少量的锰不但能够改善高炉在冶炼过程中的操作性能,而且还能改善生铁性能。在炼钢过程中锰合金的主要作用是脱氧、脱硫和作为合金元素强化铁素体与细化珠光体,提高钢的强度、淬透性、硬度和耐磨性,改善钢的性能。例如,在低合金钢中加入0.8%～1.7%的锰,其强度就能比普通碳钢提高20%～30%。

（2）有色冶金

锰在有色冶金工业中主要有两种用途:一种是在铜、锌、镉、铀等有色金属的湿法冶炼过程中以二氧化锰或高锰酸钾形式用作氧化剂;另一种是以金属锰或锰合金的形式与铜、铝、镁等构成性能优异的合金,如黄铜、青铜、白铜、铝锰合金、镁锰合金等,锰可以提高这些合金的强度、耐磨性和耐腐蚀性,如

在镁中加入 1.3% ～ 1.5% 的锰形成的合金具有更好的耐蚀性和耐温性能，被广泛应用于航空工业中。

（3）电池

锌 - 锰电池使用方便，价格低廉，至今仍是使用最广、产量最大的一种电池。二氧化锰是制造此类电池正极的主要原料。随着技术进步、人们生活水平的提高及环保意识日益加强，传统的糊式锌 - 锰电池正在被使用高纯电解二氧化锰的无汞锌 - 锰电池取代。

（4）电子工业

电子工业的基础材料是磁性材料，尤其是软磁材料，而软磁材料中又以锰锌铁氧体为主，因其具有狭窄的剩磁感应曲线，可以反复磁化，在高频作用下具有高磁导率、高电阻率、低损耗等特点，同时又价格低廉，来源广泛，所以其在软磁材料中占到了 80% 以上。例如，用锰锌铁氧体磁芯制成的各种电感器件、变压器、线圈、扼流圈等，在通信设备、家电产品、计算机产品、工业自动化设备等方面都得到了广泛应用

（5）医药

锰在医学领域主要是用作消毒剂、制药氧化剂、催化剂等，如高锰酸钾是医药上最常用的消毒剂之一，因为它是一种很强的氧化剂，配成 0.1% 的高锰酸钾溶液就能起到消毒杀菌的作用。二氧化锰除了在镇静剂氯美扎酮生产过程中被用作中间氧化剂外还被当作催化剂用于生产解热镇痛剂非那西丁

（6）化工

在化工行业中常用二氧化锰作为催化剂，如将二氧化锰加入双氧水中分解氧气，制皂工业广泛采用高锰酸钾或二氧化锰作为催化剂。二氧化锰可以在印染工业中作为氧化剂制备印染颜料，可以作为油漆干燥剂，也可用来制造黑色的装饰玻璃及装饰用砖和陶器上釉的颜色，还可以用作氧化剂来制取电影胶片、照相底片的显影剂。锰也被用作玻璃生产过程中的褪色、着色和澄清剂等。

（7）环保

锰主要以二氧化锰等氧化剂的形式被应用到污水、废气处理及天然饮用水的净化中，如二氧化锰可以氧化水中的铁，使水中可溶性二价铁氧化成不溶于水的三价铁的氢氧化物而除去。此外，二氧化锰还可用于净化废水中的砷，净化废气中的硫化氢、二氧化硫和汞等。

（8）农业

锰是植物正常生长不可缺少的微量元素之一，它能促进叶绿素合成和碳水化合物运转。锰常被添加在肥料中用于农业生产，如含硫酸锰的锰肥被用作种

子催芽剂。除了用作肥料之外，锰在农业上还被用作杀菌剂（如乙撑双二硫代氨基甲酸锰）和饲料添加剂等。

（二）锰矿物和锰矿床

1. 锰矿物种类

自然界中已发现的锰矿物众多，有 135 种以上，分别属氧化物类、碳酸盐类、硅酸盐类、硼酸盐类、硫化物类、磷酸盐类等，但含锰量高、具有较高经济价值的矿物只有十几种，较为常见的包括软锰矿、硬锰矿、水锰矿、黑锰矿、褐锰矿、硫锰矿等

软锰矿主体为二氧化锰，四方晶系，晶体呈细柱状或针状，通常呈块状、粉末状集合体，颜色和条痕均为黑色。其光泽和硬度视结晶粗细和形态而异，结晶好者呈半金属光泽，硬度较高，而隐晶质块体和粉末状者，光泽暗淡，硬度低，极易污手。软锰矿密度在 $5g/cm^3$ 左右。软锰矿主要由沉积作用形成，为沉积锰矿的主要成分之一。在锰矿床的氧化带部分，所有原生低价锰矿物也可氧化成软锰矿。软锰矿在锰矿石中是很常见的矿物，是炼锰的重要矿物原料。

硬锰矿是钡和锰的氧化物。与很多在地下形成的矿物不同，硬锰矿是在地表条件下形成的次生矿物，它们原来一般是锰的碳酸盐或硅酸盐矿物后来在某种条件下又变成了现在这种矿物。硬锰矿色泽从深灰到黑色，表面光滑，半金属光泽，葡萄或钟乳状块体。属单斜晶系，晶体比较少见，硬度为 4 ~ 6，密度为 $4.4 ~ 4.7g/cm^3$。

硬锰矿主要是外因生成，见于锰矿床的氧化带和沉积锰矿床中，亦是锰矿石中很常见的锰矿物，是炼锰的重要矿物原料。

水锰矿为单斜晶系，晶体呈柱状，柱面具纵纹。在某些含锰热液矿脉的晶洞中常呈晶簇产出，在沉积锰矿床中多呈隐晶块体，或呈粒状、钟乳状集合体等。矿物颜色为黑色，条痕呈褐色，半金属光泽，硬度为 3 ~ 4，密度为 $42 ~ 4.3g/cm^3$。水锰矿既见于内生成因的某些热液矿床也见于外生成因的沉积锰矿床，是炼锰的矿物原料之一。

水锰矿是碱性的锰氧化物矿物，是次于软锰矿和硬锰矿的可以用来提炼锰的矿石。水锰矿呈暗灰色到黑色，它一般为一束束平行排列的晶束状或纤维状块体，也有呈粒状或钟乳状的。

黑锰矿又称四氧化三锰，四方晶系，晶体呈四方双锥，通常为粒状集合体，颜色为黑色，条痕呈棕橙或红褐，半金属光泽，硬度为 5.5，密度为 $4.84g/cm^3$。黑锰矿由内生作用或变质作用而形成，常见于某些接触交代矿床、热液矿床和沉

积变质锰矿床中，与褐锰矿等共生，也是炼锰的矿物原料之一。

褐锰矿又称三氧化二锰，四方晶系，晶体呈双锥状，也呈粒状和块状集合体产出。矿物呈黑色，条痕为褐黑色，半金属光泽，硬度为 6，密度为 $4.7\sim5.0g/cm^3$。其他特征与黑锰矿相同。

硫锰矿化锰，等轴晶系，常见单形有立方体、八面体、菱形十二面体等，集合体为粒状或块状，颜色由钢灰变为铁黑色，风化后变为褐色，条痕呈暗绿色，半金属光泽，硬度为 $3.5\sim4$，密度为 $3.9\sim4.1g/cm^3$，性脆。硫锰矿大量出现在沉积变质锰矿床中，是炼锰的矿物原料之一

2. 锰矿床类型

世界锰矿资源丰富，分陆地上和海底两大部分，全球陆地锰矿矿床类型划分没有统一标准，《矿产资源综合利用手册》将全球具有工业价值的锰矿床依据其成因总结为五种类型：沉积型、变质型、火山型、热液型和风化型。在全球锰矿探明储量中，变质型矿床所占储量比重最大，其次是沉积型矿床。据不完全统计，在全球主要锰矿生产国的 186 个锰矿床中，沉积型矿床数量最多，达到了 83 个，数量占到矿床总数的 44.6%；其次是变质型锰矿床，为 28 个，占到矿床总数的 15.1%；火山型 22 个，占 11.8%；热液型 34 个，占 18.3%；风化型 19 个，占 10.2%。

大型和特大型锰矿床在全球锰矿资源中占据着主导地位，在世界十大锰矿床中，属沉积型矿床的有五个，它们是乌克兰的大托马克、尼科波尔锰矿床，格鲁吉亚的恰图拉锰矿床，澳大利亚的格鲁特锰矿床及保加利亚的瓦尔纳锰矿床；属于受变质矿床的有四个，南非的卡拉哈里 - 波斯特马斯堡、巴西的乌鲁库姆及印度的中央邦和马哈拉施特拉邦锰矿床；属火山型的为加蓬的莫安达锰矿矿床。根据世界主要锰矿床的矿床类型、成矿年代、地质条件等因素统计分析，可将锰矿床的主要特征归纳如下：从成矿年代来看，从前寒武纪到第四纪各个不同时代的地层都有锰矿床分布，具有一定的连续性；锰矿床主要成矿年代为前寒武纪和新生代两个时代，这两个时代的锰矿床占世界陆地锰矿床总量的 85% 左右；风化型锰矿床数量和储量虽然不大，但禀赋较好，品位高、杂质低，便于开采。多数国家锰矿床锰平均品位较高，锰矿石产品锰含量可超过 35%，甚至为 40%～50%，乌克兰、加纳、中国的锰矿床锰平均品位较低。

二、锰矿床勘探

地质勘探工作是为了揭露矿床，并通过采用一些勘探工程来对矿床进行全面调查研究的工作。勘探工程一般分为钻探和坑探两大类。

（一）勘探工程的应用

①浅钻：浅钻用在涌水量大时，用来代替浅井。

②岩心钻：在对矿床进行勘探过程中，岩心钻是用来了解矿区深部地质情况的重要工程手段，无论在山区或平地，也无论矿种或矿床的复杂程度怎样，只需要了解矿床规模或矿体向地下深部的延伸情况，还有寻找并勘探盲矿体。勘探一般多用岩心钻。地质人员通过钻机在钻进过程中所采集的岩芯及岩粉，可详细研究被钻孔所穿过的岩石和矿床的地质构造与矿石质量。当矿体倾角平级时，一般采用垂直钻孔；当矿体倾角较大时，多采用倾斜钻孔；有时在施工所允许的弯曲范围内，也常打一些随钻进逐渐加深而使钻孔倾角进行有规律变化的定向孔，使之按设计角度穿过矿体。

③坑下钻：它是在坑内使用的岩心钻，对于矿体产状复杂的矿床，进行地质勘探或生产勘探时，使用这种钻探的工程手段是非常有效的。

④浅坑：浅坑为形状不规则，且不到1m深的坑与槽，用于覆盖层不超过1m的矿体露头，其应用与槽探相似。

⑤浅井：对于埋藏深度在20～30m的矿体，常用浅井揭露矿体厚度和研究矿石质量等；在致密稳固的残、坡积层中，通常用圆形断面的浅井（即小圆井）；在不稳固的松散堆积中，或在基岩中，常用矩形井筒的浅井。

（二）勘探工程的选择

对于整个矿区来说，勘探过程中地质人员应按照实际需要综合运用各种勘探工程，就矿区内一个具体地点来讲，应选择何种工程才能多快好省的按矿山建设和生产要求探明矿床，是一个很重要的问题。

槽探、浅坑、浅井或浅钻等，由于它们各用于揭露一定深度范围内的矿体，所以选择余地不大。

至于岩心钻和坑探，因为它们都能用于揭露矿床深部的地质情况，所以揭露矿床时，可随不同的具体条件，综合运用它们各自的长处，以达到多快好省地探明矿床的目的，人们要看到这两种工程在不同的地质、地形和经济技术条件下，除各有其独特优点外，也各有其受限制的一面。因此在选择时，地质人员必须进行具体分析，必须使其既能满足探明矿床需要，又能在经济上较为合理。因此，地质人员必须在比较岩心钻和坑探的优缺点及影响其应用的因素，综合权衡后加以选择。

三、全球锰矿资源开发利用趋势

（一）全球锰矿资源的供给变化趋势

在过去的 100 年里，全球锰矿产量在波动中持续增加，从 1900 年的 59 万 t（金属计）上升到 2015 年的 1 750 万 t，100 多年增加了近 30 倍，同期全球钢产量从 1900 年的 2 850 万 t 增长到 2015 年的 16.2 亿 t，100 多年增加了近 55 倍。

全球锰矿产量在很大程度上取决于全球钢铁产业发展需求。全球锰矿产量在 1900 年到 1950 年期间增长较为平稳，1950 年后世界经济发展速度加快，全球钢铁工业迅猛发展，尤其是 20 世纪 50 年代中期开始，日本钢铁工业高速发展带动了全球钢铁业发展，锰矿产量随全球钢铁产业发展迅速增长。1975 年到 1980 年，世界性经济危机造成全球市场萎缩，能源供给紧张，发达国家开始产业结构调整，致使全球钢铁工业发展放缓，产量下降，全球锰矿产量也随之下降。2000 年以后，新兴经济体国家如中国、印度、巴西、南非等国的经济快速发展，这些国家的钢铁产量也不断增长，特别是我国粗钢产量从 2005 年的 3.6 亿 t 增加至 2015 年的 8.0 亿 t，增幅高达 122.2%。我国钢产量高速增长，刺激了全球锰矿产量飙升，到 2015 年全球锰矿产量达到 1 750 万 t。2014 年以来，我国经济增长放缓，全球锰矿产量增速也已放缓。2015 年锰矿市场价格低迷，库存增加，不少锰矿公司暂停了部分锰矿山开采项目，到 2016 年，全球锰矿产量下降到 1 630 万 t。

从地域角度观察，全球锰矿供需存在严重地域不平衡。以 2014 年为例，当年全球锰矿石产量达到 6 100 万 t，当年的全球锰矿需求量为 5 600 万 t，当年锰矿石产量过剩 500 万 t，亚洲的锰矿石需求量占了世界需求量的 82%，而锰矿石产量仅占全球产量的 44%。亚洲锰矿需求量一半需要进口。非洲和大洋洲的锰矿石需求量仅占世界锰矿需求量的 1% 和 1% 以下，它们的锰矿石产量分别达到全球产量的 3% 和 13%。很明显，非洲和大洋洲成为世界锰矿石主要出口供应地。

世界主要锰矿生产国的锰矿资源储量和品位差异较大，中国、印度、乌克兰的锰矿品质较差，属于中低品位锰矿；加蓬、澳大利亚、巴西、南非的锰矿品质较好，多为中高品位锰矿。

（二）全球锰矿的需求和价格变化趋势

锰的应用市场与现代工业关系密切，在所有金属中，锰的消费量位于钢铁、铝、铜之后的第四位。锰的用途非常广泛，涉及人类生产生活的方方面面。如前所述，钢铁工业对锰的消费量达到全球锰消费的90%，其余10%用于有色冶金、电池、电子工业、医药、化工等部门。全球钢材平均锰使用量达到0.85%以上，近年来钢铁平均锰含量有继续上升的趋势，钢铁行业发展决定着锰矿未来的市场需求量。

亚洲地区主导着全球锰矿的消费量，2014年亚洲的锰矿需求量占到全球锰矿需求量的2%，其次是欧洲、美洲及非洲和中东地区。我国的锰矿需求量占到全球锰矿需求量的50%以上，近十年，我国锰矿进口比例不断增加，进口量已占国内总需求量的60%以上。最近几年印度经济高速发展，钢铁产量不断提升，印度已成为全球锰矿需求增长最快的国家。我国加强环保要求、钢铁行业去产能，对锰矿的需求量增长缓慢，IMnI（国际锰协会）预计2020年前，全球锰矿需求增长率仅为0.5%左右。

2005年后，我国需求的快速增长刺激锰矿价格在2008年达到惊人的18美元/t，锰矿价格创造了历史新高，随后几年，由于供应过剩，锰矿价格在波动中不断下降，在2016年1月跌破2美元/t，一度跌破20年新低，随后锰矿价格快速反弹到6美元/t。预计未来一段时间锰矿价格将在5～7美元/t波动，未来锰矿价格变化取决于供应商重启矿山和新开矿山项目的锰矿产量增加情况。

（三）全球锰矿资源开发利用技术发展趋势

全球锰矿床以沉积型和沉积变质型为主，多数埋藏不深，可以采用传统露天开采方式，也有部分矿床埋藏较深，矿厂多根据矿床的赋存条件、矿体产状和厚度、矿床规模等条件采用传统的地下开采方式。与其他矿种相比，锰矿的选矿工艺也比较简单，一般采用破碎擦洗、筛分、重选、磁选工艺。

1. 锰矿采矿工艺技术发展趋势

与其他大宗矿产开采一样，全球锰矿开采技术发展正朝着节能、高效、安全、环保方向发展。采掘设备大型化、连续化、自动化、信息化及采矿辅助作业自动化和信息化协调管理成为发展趋势。一些节能高效的设备得到广泛应用，远程操控无人采矿机械也已开始在复杂地质条件下锰矿的开采中得到使用。

2.锰矿选矿工艺技术发展趋势

国外多数锰矿品位高，选矿工艺简单。节水、节能、高效、高回收率、环保、选厂自动化和信息化控制成为锰矿选矿工艺发展的方向。高效节能的破碎设备、高效的跳汰设备和重介质旋流器得到广泛应用，为了提高锰矿资源利用率和锰矿产品品质，部分矿山增加了磁选工艺，进一步回收洗矿和筛分细泥中的细粒锰矿。一些专门针对锰矿选别的磁选设备正在逐步推广应用，提高分选精度的分级分选工艺被普遍采用。

第二节 镍 矿

一、镍矿概述

（一）镍的性质与用途

在人类物质文明发展过程中，镍起着重要作用。镍和铁的熔点较接近，历史上人们将镍误认为是质量上乘的铁，公元前3500年的古埃及人和古巴比伦人就开始使用镍含量很高的陨铁制作工具，后来古叙利亚人、中国人等都无意识地使用了各种含镍、铜的合金制作硬币和器皿。1751年，瑞典化学家通过冶炼红砷镍矿，发现并命名了镍。挪威在1849～1889年开启了人类规模化开采镍矿的历史，并将镍用于钢铁生产，大大增加了镍的需求。

1.镍的性质

镍（Ni）是过渡性金属元素，原子序数为28，相对原子质量为58.69，属于元素周期表中Ⅷ族元素。镍是银白色金属，具有磁性，熔点1 452℃，沸点2 913℃，密度8.902g/cm³。金属镍具有良好的机械强度、可塑性、延展性和耐高温性能，并具有优异的耐腐蚀性能，可以和多种金属构成高性能合金。金属镍粉还可以吸储氢气。

2.镍的用途

对现代社会发展而言，镍是一种非常重要的有色金属，众多现代社会科技产品都需要以镍为原料。镍的最主要用途是制造不锈钢、高镍合金钢和合金结构钢及各种各样的专业金属合金等。这些合金广泛用于飞机、雷达、导弹、坦克、舰艇、宇宙飞船、原子反应堆等各种军工产品；在民用工业中，镍合金结构钢、耐酸钢、耐热钢等材料被大量应用于各种机械制造、石油等行业和耐磨元器件、硬币等。镍与铬、铜、铝、钴等元素组成的非铁基合金、镍基合金、镍铬基合金可以用于制造耐高温、抗氧化材料，这些材料广泛用于喷气涡轮、电阻、电热元件、高温设备结构件等领域。此外，镍优良的抗腐蚀性能使其在化学电镀行业也有广泛应用。镍及其化合物还可以作为陶瓷颜料、催化剂、储氢材料、电池材料等。

全球镍的初级消费领域中不锈钢占全球镍消费的 63%，镍基合金占 13%，电镀占 7%，合金钢占 6%。

（二）镍矿物与镍矿床

1. 镍矿物的类型

自然界中已知含镍矿物约 50 种，较重要的有十余种。

用作提取镍的矿物主要是镍的硫化矿物和镍的氧化矿物。其中最重要的硫化矿物是镍黄铁矿、紫硫镍矿、镍磁黄铁矿，镍的硫化矿物常与铜和铂族元素共（伴）生。镍的氧化矿物分两类，一类是高硅镁质的镍矿，以暗镍蛇纹石和镍绿泥石为主；另一类为红土镍矿，以吸附镍的黏土矿物及镍褐铁矿为主

2. 镍矿床的类型

镍矿的成矿作用多发生在岩浆作用、沉积和风化作用中，镍矿床按照其成因主要分为岩浆熔离矿床和风化壳矿床两个大类型。

岩浆熔离矿床：基性—超基性岩浆演化过程中，岩浆中的硫与岩浆中的镍、铜、铁元素一起结合成硫化物，随着温度下降，铜、镍硫化物与岩浆中硅酸盐岩浆发生分离形成岩浆熔离矿床。岩浆熔离矿床通常为硫化镍矿床，普遍含铜，常称含铜硫化镍矿床，除铜外，其一般常伴生有铁、铬、钴、锰、铂族金属、金、银及硒等。

风化壳矿床：含有镍的岩石因风化作用发生分解，岩体中的镍被解离出来，随着硅、铁、镁流失，解离的镍在原地或半原地堆积，聚积形成含镍褐铁矿、镍绿泥石、暗镍蛇纹石等镍硅酸盐的风化壳型矿床。典型的风化壳型镍矿经常呈现两层结构：上部红土型矿石由铁帽、铁质结核及松软的红土组成，镍主要以吸附形式附着于黏土矿物上或以镍褐铁矿存在；下部硅酸镍矿石，主要由绿高岭石、镍绿泥石、暗镍蛇纹石等构成，常见伴生矿物为钴、铁矿物。

硫化镍矿床的矿石按硫化率（呈硫化物状态的镍与全镍之比）将矿石分为原生矿石、混合矿石、氧化矿石。

硅酸镍矿石按氧化镁含量分为铁质矿石、铁镁质矿石、镁质矿石。镍矿石的主要有害杂质有铅、锌、砷、氟锰、锑、铋、铬等。

二、镍矿床的勘探

按照决定勘探方法的自然因素，镍矿床可以分为以下四个类型。

①该类矿床为形状简单、组分分布均匀的巨大矿体。硫化铜镍矿床中属于这一类的有第一成因类型和第二成因类型个别矿床。第一类矿床的面积有时达 $5km^2$；厚度为几十米，矿床埋藏的深度为 $400\sim600m$。该类矿床一般在辉岩—橄榄岩体的底部分布，或者在分异的辉长岩—橄榄岩体中产出。

②该类矿床为厚度和延长都很大的、组分分布比较均匀的矿体。属于这一类的有第二成因类型的硫化铜矿床。矿层的规模走向长 $100\sim500m$。由一些呈侧幕状排列的矿层粗成，个别矿床有时延长 $4\sim5km$。

③该类矿床为形状复杂的矿体。这些矿床的厚度沿走向和倾斜均不稳定。组分含量也不均匀。在硫化铜镍矿床中属于这一类的有第三和第四成因类型。矽酸镍矿床中属于这一类的有第二和第三成因类型。

④该类矿床为非常复杂和不稳定的，含有分散浸染硫化物的矿体、矿筒和矿巢。镍矿床的勘探方法应按照矿床的具体地质构造特征来制定。勘探镍矿的主要技术手段为岩心钻。在个别情况下，可以采用机械冲击钻。

另外，只有在勘探形状和组分分布极复杂的矿床，还有为了证实钻探资料，测定矿石体重、湿度和采取技术样品时，才能用坑探。

三、全球镍矿资源开发利用趋势

（一）全球镍矿资源的供给变化趋势

全球现在可以开采的镍矿资源分为红土镍矿和硫化镍矿两大类型，由于硫化镍矿较红土型镍矿资源品质好、分离提取工艺技术成熟，传统上硫化镍矿生产占据主导地位。目前，硫化镍矿产量约占世界镍产量的 60%，红土型镍矿仅占到全球产量的 40%。

按全球近年来对镍的需求量及近年来全球镍矿山产量估算，全球探明的镍矿储量保证开采年限达到 40 年以上。在过去 20 年中，全球镍的消费量以 4%的增长率在增长，由于全球硫化镍矿新资源勘探上没有重大突破，硫化镍矿储量不断下降，全球红土镍矿资源勘探不断取得进展，储量增加。传统的几个大型硫化镍矿矿床的开采深度日益加深，矿山开采难度加大，全球镍行业将资源开发的重点瞄准储量丰富便于勘探开采的红土型镍矿资源上，红土型镍矿所占的产量比重越来越大，现阶段开采的红土型镍矿的平均品位在 3%～1.5%。除此之外，近年来全球各国也在积极寻求新的镍供应替代品，如在欧洲及北美，废不锈钢正在取代越来越多的原生镍消费份额，最近甚至侵蚀了镍铁的市场份额。

1. 镍矿产量变化趋势

全球镍矿产量过去 100 年是在波动中持续增长的，2013 年镍矿金属产量达到了历史最高的 279 万 t，随后逐年回落，2016 年镍矿产量稳定在 225 万 t/ 年。

2001 ～ 2011 年，全球镍矿产能年均增长率为 3.1%；2011 ～ 2015 年，年均增长率达到 5.5%。从 2005 年开始，中国通过进口镍红土矿，规模化生产用于不锈钢的镍生铁产品，中国的镍产量开始加速增长。

据国际镍业研究组织（INSG）发布的统计数据表明，2015 年全球镍产品市场连续第四年供应过剩，产量超出需求达 8.07 万 t。而 2014 年全球镍市供应过剩 11.76 万 t。持续的过剩导致 2015 年镍价连续下跌。不过自 2014 年印尼施行镍矿出口禁令以来，全球的镍矿供应市场过剩得到缓解，加上全球镍矿资源的保证程度低，因此长远看来镍的供应将会逐步趋紧。

2. 近年新开镍矿项目

未来十年，全球部分大型硫化矿床资源逐渐枯竭，全球镍矿产能的增加主要依靠新建镍矿项目实现。全球近年来已投产的五个大型镍矿项目均为红土型镍矿项目。从新开镍项目表中我们可以看出，新开项目红土型镍矿项目占新增项目总产量的 65% 左右，镍硫化矿项目占 35% 左右。红土型镍矿主要产品为镍铁合金、镍钴氢氧化物；镍硫化矿项目产品主要为镍精矿。新开项目反映了全球镍矿资源开发转向红土型镍矿的趋势。这些项目的实施，将会保障全球镍矿资源长久供应。

（二）全球镍矿资源的需求和价格变化趋势

根据 INSG 统计，在过去二十多年里，随着全球经济发展，全球镍的需求量不断增长。1990 ～ 2010 年，全球镍需求量年平均增长率为 2.3%。2010 年以来，我国经济强劲增长，带动了全球镍需求量增长，在 2010 ～ 2015 年六年时间里，全球镍需求增长率达 5%。目前，亚洲成为最大的镍产品消费市场，而我国镍需求量占全球镍消费市场的比重从 10 年前的 18% 上升到 2015 年的 52%，随着我国经济发展增速下降，这种快速增长趋势在 2015 年已开始放缓。

从 1900 年至今过去的 100 多年内全球镍价在市场供需关系作用下的震荡中上涨，2007 年达到了顶峰，达到 37 200 美元 /t。这主要是由于中国经济飞速

发展，不锈钢的产量大幅增长，使镍的需求量不断增加，巨大的需求动力导致了全球镍价格的飞涨

供需关系导致镍价格波动剧烈。自第二次世界大战结束之后，随着每一次世界经济增速提升，镍的价格也随之上涨。这主要是因为第二世界经济增速提升，往往伴随着钢铁、不锈钢等主要镍的消耗品大量使用，导致镍需求增大，这在2002～2008年镍价飞涨时更是得到了验证。在这段时间内，我国经济飞涨，基础建设消耗了大量的镍，巨大的需求基数导致镍价飞涨到历史最高点，之后全球及中国经济增速放缓导致了镍的价格大幅回落。

（三）全球镍矿资源开发利用技术发展趋势

1. 采矿

全球镍硫化矿床多采用地下采矿，充填法采矿技术成为镍矿地采技术发展趋势。全球红土型镍矿床均采用成熟的露天采矿技术。

2. 镍硫化矿选矿

镍硫化矿选矿主要采用浮选工艺。诺里斯克、淡水河谷、金川、必和必拓、嘉能可公司都采用浮选工艺处理铜镍硫化矿。根据各矿床矿石性质，磁选和重选工艺也常在这些公司选矿流程中采用。为了提高选矿效率，采用高效节能型破磨设备、阶段磨矿、阶段选别工艺、新型浮选药剂、大型浮选槽、浮选柱、自动控制的闪速浮选工艺等成为铜镍硫化矿选矿技术发展趋势。

3. 镍硫化矿冶金

铜镍硫化物矿石的冶炼主要有火法工艺和湿法工艺，火法工艺占据铜镍硫化矿冶金工艺90%的产量，处于主导地位。奥托昆普的闪速熔炼DON技术已成为镍硫化矿冶炼镍锍的主流方向，该技术占到全球铜镍硫化矿火法冶炼产能的55%以上。

DON技术主要的主要优点为原材料适用性广，不论是低铜含量镍矿还是高铜含量镍矿，低氧化镁镍矿还是高氧化镁镍矿石，均可以用该技术冶炼；能够根据原料和产品的要求使熔炼和精炼条件最佳化；能够有效回收镍矿伴生的钴和其他贵金属资源，实现资源综合利用；取消了转炉、吊车、钢包和其他设备，降低了生产成本，提高了经济效益。

硫化镍矿湿法冶炼技术成为硫化镍矿冶炼技术发展的方向之一，随着世界环保要求不断提高，硫化镍矿湿法冶炼技术越来越受到重视。加拿大联邦政府的 SO_2 减排计划促使淡水河谷公司研发了新的硫化镍矿湿法冶炼技术，该技术

通过氧压溶出—除杂—萃取—电积工艺处理镍浮选精矿，生产电解镍和铜、钴产品。硫化镍矿湿法冶炼技术将镍的冶炼和精炼合为一体，缩短了流程，降低了生产成本。

4. 红土镍矿冶金

红土型镍矿中的镍通常分散在脉石矿物中并且粒度很细，用机械选矿方法很难将其富集，因此对于红土镍矿，通常利用破碎、筛分等工序预除去风化程度弱、含镍低的大块基岩及杂质后直接进行冶炼

红土型镍矿矿石成分较为复杂，一般可根据矿石镍、钴含量及铁、镁、硅含量等性质，选择合适的火法冶炼或湿法冶炼的冶金工艺。火法冶炼通常适用于镍品位高，低铁、镁、硅的红土型镍矿，目前全球红土型镍矿火法冶金产品产量占红土型镍矿冶金产品产量的70%。湿法冶炼产量约占总产量的30%。湿法工艺中的高压酸浸工艺可适应高铁镍矿，还原焙烧—氨浸工艺可适应高镁镍矿。火法冶金工艺具有流程短、效率高、工艺简单等优点，湿法工艺具有对原料适应性广、能耗低、环保可回收共伴生钴资源的优点。

随着不锈钢对镍铁合金需求的不断增长，回转窑干燥—还原焙烧—电炉冶炼—镍铁合金技术不断完善和发展，RKEF法（回转窑—矿热炉发）已成为红土型镍矿火法冶金技术的主流发展方向。淡水河谷位于印度尼西亚的PTV冶炼厂、位于巴西的Onga Puma（翁高彪马）冶炼厂；嘉能可公司位于新喀里多尼亚的Koniambo（科尼安博）镍冶炼厂；必和必拓位于哥伦比亚的Cerro Matoso（塞罗马托索）镍冶炼厂，计划投产的印尼North Konawe（北格纳威）镍冶炼厂、古巴Holguin（霍尔金）镍冶炼厂等均采用RKEF法生产镍铁合金。美国地质调查局2012年的统计表明，全球镍铁合金产量占到当年全球镍总产量的35%以上。

全球约70%的红土型镍矿资源属于含铁量高的褐铁矿型，适合高压酸浸工艺。随着湿法冶金技术的发展，高压溶出设备和防腐材料应用不断取得进展，加压酸浸处理红土型镍矿已成为红土矿型镍矿湿法冶金的主流发展方向，这个方法在不同的冶炼厂根据矿石性质和工厂实际，配套有各种后续工艺灵活生产不同产品。加拿大特里谢公司位于古巴和马达加斯加的冶炼厂；日本住友公司位于菲律宾的冶炼厂；嘉能可公司位于澳大利亚的冶炼厂；力拓公司近年计划投产的位于印尼的冶炼厂等。这些冶炼厂均采用加压酸浸工艺处理红土型镍矿。

回转窑还原—水淬跳汰重选尾矿球磨—磁选工艺被公认为最为经济的残积

型红土镍矿处理方法。该工艺的实质是以矿物自身被还原的金属铁作为镍的捕收剂，实现镍的高效回收。

与回转窑干燥预还原—电炉熔炼法相比较，该方法不消耗焦炭，用电负荷仅为前者的 40%，投资也只有前者的 50%。与常加压酸浸工艺相比较，该方法基本不消耗化学试剂，无废水排放，对环境影响小，但该方法的关键在于，半熔融物料在回转窑内的结圈控制技术，掌控难度很大，加之相关方面的技术封锁，多年来一直没有推广应用但从节能、低成本和综合利用镍资源的角度分析，这一工艺是值得进一步研究和推广的。

第三节　锡　矿

一、锡矿概述

（一）锡的性质与用途

锡是人类使用最早的金属之一，早在公元前 3500 年的土耳其地区，人们就无意识地生产了含锡 15% 左右的青铜器皿、工具、武器等，公元前 2500 年中国及南非的某些部落就开始制造和使用青铜材料，人们逐渐掌握了把锡矿加入铜矿冶炼出性能优异的青铜合金的技术，开辟了人类文明的青铜时代。不过直到公元前 600 年左右金属锡才被人们广泛使用。古罗马时代人们已掌握了铜表面镀锡的技术，在 14 世纪人们发明了铁片镀锡技术，称为马口铁，1839 年，美国人发明了含锡、锑、铜的耐磨合金巴氏合金，1952 年英国皮尔金顿公司发明了使用锡的"浮法玻璃"连续生产方法。

1. 锡的性质

锡（Sn）是一种金属元素，原子序数为 50，相对原子质量为 118.71，属 IV A 族金属元素。纯锡具有很强的金属光泽，密度为 $7.27g/cm^3$，在低于 13.2℃开始转变为它的同素异形体灰锡，灰锡密度为 $5.7g/cm^3$，易崩碎成粉末。锡的熔点很低，只有 231.9℃，沸点却高达 2 602℃。锡的莫氏硬度为 1.5～1.8，质软且延展性好。锡是少有的无毒金属，有很好的耐腐蚀性，能与多种金属形成各类性能优异的合金。

2. 锡的用途

锡的性质特点决定了锡的用途非常广泛，人类使用锡的历史悠久，锡在合金、电子、防腐、化工、轻工、新技术等领域得到了广泛应用。

（1）合金

锡可以和多种金属形成各种性能优异的合金，主要包括锡铅焊料、锡青铜、轴承合金和其他合金。锡合金焊料所使用的锡已接近世界锡消费量的 50%，其中约 90% 用于电子工业，而且焊料的用量仍在稳步增长。锡青铜早在青铜时代就开始用于制造工具、武器和工艺品，全球锡消费量约 5% 用于制造铜锡合金。铜锡合金的浇铸、锻造和烧结性能优异，机械性能好，被广泛用于机械制造业。多种锡合金具有表面滞留润滑油膜的性质和良好的耐腐性能，因此它是制造轴承的理想材料。含锡的轴承合金主要有巴氏合金、铝锡合金和锡青铜。巴氏合金主要用于大型船用柴油机主轴承和连杆轴承，汽轮机和大型发电机的轴承，中小型内燃机、压缩机和通用机械等的轴承。铝锡合金含 6% 的锡，通常用来制作不带轴瓦的整体轴承，如制造飞机发动机轴承。锡青铜用于制造轴承时往往加入磷或铅，如含锡 5% 和铅 20% 的铅青铜具有良好的轴承性能，可以在润滑条件差的情况下工作，被广泛用于制造火车和农机轴承。其他合金包括锡器合金易熔合金和印刷合金等。

（2）锡箔

纯锡延展性和塑性好，可以轧制成 0.04mm 以下的锡箔。与弱有机酸作用缓慢，耐蚀性好，即使被腐蚀，所生成的化合物一般无毒，故被大量用作食品包装材料。

（3）马口铁

两面都镀上一层很薄的锡的薄钢板或钢带被称为马口铁。制造马口铁所用的钢材为低碳软钢，其厚度一般为 0.15 ~ 0.49mm。目前世界上 98% 以上的马口铁是采用电镀法生产的。马口铁的锡镀层与钢基材料结合紧密，在经受机械变形时不会脱落或产生裂纹，因此马口铁同时具有钢的强度、可加工性、可焊性和锡的耐腐蚀性、无毒、可涂漆和美观装饰性，这使马口铁被广泛用于制造刚性容器，特别是用于食品和饮料包装，其锡用量占世界锡消费量的 15% 左右。此外，马口铁还用于普通照明工程、模件、制造玩具、办公用品、厨房用具、制作展览和广告招牌等领域。

（4）锡的化合物

多种锡化合物在工业上有广泛的用途，如二氧化锡在陶瓷工业中用作釉的颜料和遮光剂，工业催化剂；二氧化锡用作还原剂，四氯化锡用作毛织品的阻燃剂；硫酸亚锡主要用于锡电镀工艺中，而锡的有机化合物主要用来做杀虫剂和塑料工业中的稳定剂和催化剂。

（5）新技术行业

无铅焊料，有利于环保，是未来电子产品焊料的发展方向，高锡无铅焊料目前已从电子行业扩散到汽车、航空等领域。锡可以用来提高锂离子电池的续航时间。锡可用于生产新型无镍低铬不锈钢，具有良好的耐腐蚀性和加工性能。锡用于燃料催化剂可节省燃油 10%。锡还在太阳能电池、新型阻燃剂、玻璃涂层、催化剂等新兴技术领域展现了良好的性能和应用前景。

（二）锡矿物和锡矿床

1. 锡矿物

自然界已知的含锡矿物有 50 多种，常见的锡矿物有 20 多种。目前具有经济意义、可以作为锡矿资源利用的矿物主要是锡石，有时黄锡矿也有一定经济价值。某些矿床中，硫锡铅矿、辉锑锡铅矿、圆柱锡矿、黑硫银锡矿、黑硼锡矿、马来亚石、水锡石、水镁锡矿等也可以相对富集，形成工业价值。

2. 锡矿床

锡矿床按矿床形成过程区分主要有两种类型：原生锡矿和砂锡矿。原生锡矿床又称脉状锡矿，主要与花岗岩侵入有关，脉状锡矿常与钽、铌、钨、铜、铅、锌、银、砷、锑共（伴）生。砂锡矿床是原生锡矿床经风化破坏后经过地质过程或洪水搬运过程富集而成，常与铌、钽、稀土矿物共（伴）生。

全球锡矿床中，砂状矿床较多，原生锡矿床数量较少，但砂状矿床中小型矿床居多，原生锡矿床锡产量占据优势。2012 年德国 GBR 研究院的统计结果表明，当年产自原生锡矿床的锡矿占到全球锡矿产量的 56%，产自砂状锡矿的锡矿产量仅占全球锡矿产量的 44%。中国锡矿储量的 80% 来自原生锡矿。

原生锡矿的矿床类型主要有三种：①含锡伟晶岩矿床，以中小型为主，锡品位偏低，但矿石易选，回收率高，主要分布在非洲、巴西、澳大利亚等地，世界锡产量中大约 10% 来自这类矿床；②锡石—石英脉矿床，以中小型为主，少数大型，个别特大型，矿石品位高，易选，回收率为 70% ~ 80%。多数矿床可露天开采，主要分布于东南亚和欧洲；③锡石—硫化物矿床，多为大中型，少数特大型，矿石含锡 0.2% ~ 1.5%，多为地下开采，选矿流程复杂，回收率低，这类矿床主要分布在中国、玻利维亚和俄罗斯东北沿海地区。

砂锡矿床按其成因可分为残积砂矿、坡积砂矿、石灰岩地区的喀斯特溶洞砂矿、冲积砂矿和海滨砂矿等。冲积砂锡矿床一般离原生锡矿床较近，多分布在 3 ~ 5km，很少在 8 ~ 10km。石灰岩地区的喀斯特溶洞砂矿床比较重要。

若在沿海地区发育原生锡矿时，则可能形成有工业价值的海滨砂矿。砂锡矿一般为中小型，也有大型和特大型，矿石含锡 0.05% ～ 0.3%，埋藏浅、勘探和开采容易。多数砂锡矿矿石虽然原矿品位低，但含有害杂质少，含黑钨矿、铌铁矿、钽铁矿和锆石等有用伴生组分多，选矿流程简单，选矿回收率一般为50% ～ 95%。砂锡矿主要分布于东南亚、中南非洲、西澳大利亚等地。

二、锡矿勘探

在勘探时要先对砂锡矿进行普查，红土型砂锡矿具有分布广、厚度大、裸露地表或被人工堆积尾矿覆盖、锡石粒细、分布较均匀、含量较高和易采易选等特征，因此是可以在短期内取得良好经济效果的勘探对象。

三、全球锡矿资源开发利用趋势

（一）全球锡矿资源的供给变化趋势

锡在众多领域都具有广泛的用途。就锡矿资源的储量和市场需求量而言，锡矿是诸多矿种中的一个小矿种。近百年来全球锡矿生产在波动中不断缓慢增长，锡矿金属产量从 1905 年的约 10 万 t 增至 2016 年的 28 万 t，产量仅仅增加了三倍，年均增长率仅为 1.1%。

据美国地质调查局统计，截至 2016 年，全球锡矿资源储量为 470 万 t，主要分布在西非、南亚、南美等地。中国、印度尼西亚、澳大利亚、玻利维亚、巴西、俄罗斯等国是锡矿资源最丰富的国家。如果按照目前的生产速度，全球探明锡矿资源储量的静态保障年限仅为 16 年，全球锡矿资源可能存在长期紧缺的局面。而按照全球锡业研究协会 2015 年的统计，全球锡矿资源量为 1 170 万 t，但储量仅为 220 万 t，储量可保障年限仅为 8 年资源量可保障年限仅为 36 年。

锡矿资源主要有硬岩脉状锡矿和砂锡矿两种类型，与其他矿种相比，全球大型和特大型锡矿床数量较少，中、小型锡矿床数量偏多，矿山开采年限普遍较短。很多矿山的地质勘探程度不高，全球硬岩矿锡矿的开采方式以地采为主，其次是采砂船及水枪 - 沙砾泵采砂锡矿，硬岩矿物露天开采较少。

最近 35 年来全球锡矿生产格局发生了重大变化，传统锡矿生产大国中国和印尼的产量在全球锡矿产量份额不断上升，占到全球锡矿产量的 50% 以上，而马来西亚的锡矿产量份额不断下降，玻利维亚基本维持了其产量份额，秘鲁的产量份额有所增加。

美国地质调查局统计的全球 70 个锡矿勘查和开发项目中，仅有 4 个锡矿是 1985 年以后新发现的，据全球锡业研究协会统计的全球有待开发的 16 个锡矿项目，资源总量为 187.7 万 t，平均品位仅为 0.41%。由于目前锡价原因，除了高品位锡矿、低成本的老尾矿项目及含共（伴）生矿产的锡矿项目外，低品位的锡矿项目短期不会投产，很明显，全球长期的锡矿资源储备和供给可能呈现紧张的局面。

德国联邦地球科学和自然资源研究所与锡业研究协会，关于锡矿资源的研究报告表明，尽管需求增长缓慢，锡再生回收量达到全球锡产量的 30% 以上，全球锡矿资源的长期储备仍然令人担忧

除此之外，锡矿资源的突出特点是总量小，小型矿床多，矿山寿命普遍较短，很多小矿山地质勘查程度不高就已进入开采，因而未能计入全球锡矿储量中。锡价上涨或通过勘探发现新的大型锡矿床，可以改善全球锡矿后备资源储备不足的局面。锡价格上涨，锡矿开采品位就可以下降，锡矿可采资源量就会增加。

（二）全球锡矿资源的需求和价格变化趋势

1. 价格

相对于铜铝铅锌而言，锡是一个产量和用量都比较小的金属，其价格容易被各种因素影响，波动很大。市场需求、产量、库存及生产成本是影响锡价的主要因素。全球锡价百年来不断上涨，波动很大。

2. 需求

国际锡研究协会的研究报告指出，未来 5 年，锡消费的预期增长率将从目前的每年 2.5% 放缓至 1%，即使锡消费增长缓慢，由于新的矿产资源供给短缺，所以锡供应短缺的情况也非常有可能出现。协会建议整个行业都能积极投资潜在的锡矿资源项目，其中包含新旧矿山的勘探和开发，鼓励、规范手工采矿及小规模采矿，加强锡二次资源的再生利用。按目前的发展趋势，预计全球市场未来将持续短缺。近年来，全球矿山年产量增加，为 28 万～ 30 万 t，但预计产量在近期有所下降。中国及印尼两大主产国产量的下降需要被世界其他地区新出现的矿山项目弥补，但目前几乎没有新项目通过可行性研究阶段。

中国台湾工业技术研究院（ITRI）统计的全球锡矿山新项目中，未来的 15 年里，会有 70 个可能开始运作的锡矿山项目，对于总资本的需求大约 80 亿美元。并且，中间一部分矿山的运用潜力巨大，此外的一部分则会受到高风险投资、技术挑战和低品位的因素制约。

不论是从近期全球锡需求和供应平衡情况来看，还是从全球锡矿资源中长

期储备情况来看，锡矿资源正在向逐渐短缺方向发展，其价格还会有进一步上涨的动力。

（三）全球锡矿资源开发利用技术发展趋势

1. 采矿

脉状锡矿多采用各种传统的地下采矿方法。提升采矿安全性、提高采矿生产效率和回采率是锡矿开采技术的发展方向，如秘鲁锡矿采用分段充填法提高了锡矿回采率、中国湖南某锡矿对缓倾斜薄锡矿采用机械化开采技术提高回采率、降低贫化率。

砂锡矿多采用水枪—沙砾泵、绞吸式采砂船、斗轮式采砂船进行采矿作业，多年来技术进展不大。

2. 选矿

锡矿属于比较难选的矿物，锡矿选矿技术的进展主要体现在提高选矿回收率、节能、提高生产效率等方面。

采用 X 射线分选机、Gekko 在线压力跳汰机、凯尔西离心跳汰机、重介质旋流器等对锡矿进行预选，可以有效提高锡矿回收率，降低入选矿石品位。如澳大利亚锡矿项目采用凯尔西离心跳汰机预选，总回收率提高了 9%，秘鲁锡矿正在安装的 X 射线预选机可将原矿品位从 0.7% 提高到 2.7%。

重选是锡矿选矿最常用的方法，其就是通过自动化精密控制重选过程，采用新型细粒重选设备如猎鹰离心选矿机、凯尔西离心选矿机等可以有效提高选矿收率和生产效率。粒锡矿的浮选采用新型高效浮选药剂、浮选柱等新型高效浮选设备成为发展趋势。

第四节　铝　矿

一、铝矿概述

（一）铝的性质与应用

1827 年，德国化学家维勒在实验室制备出了铝。1886 年，美国的大学生霍尔和法国的大学生埃罗各自独立研究出电解制铝法，开创了人类大规模工业化生产铝和应用铝的历史，这一方法一直沿用至今。

人类使用金属铝的历史较为短暂，仅有 100 多年，但铝资源的开发利用发展迅猛，世界的铝产量从 1956 年开始超过铜，从此一直居有色金属之首。全球铝的产量和用量仅次于钢铁，是铜的两倍多。在人类使用的金属中，铝用量居第二位。铝及铝合金性能优异，是目前人类所应用的材料中用途最广泛、最经济、最环保的材料之一。

1. 铝的性质

铝是一种金属元素，原子序数为13，相对原子质量为27。纯铝为有光泽的银白色金属，质地较软而坚韧，密度小，有延展性。密度2.702g/cm³，熔点660.37℃，沸点2 467℃，莫氏硬度2.75。铝的导电、导热性良好，导电率相当于国际标准退火铜的65%，导热率比铁大3倍。铝可以和多种金属形成性能优异的合金材料，某些铝合金的机械强度可以超过结构钢。铝具有良好的力学性能，比强度（强度与质量之比）高，延展性好，可以轧成薄板和箔，拉成细丝，挤压成各种复杂形状的型材。铝具有良好的抗蚀性能，在空气中能与氧迅速化合，生成一层致密而坚硬的氧化铝薄膜，阻止其继续被氧化。铝是两性元素，化学性质活泼，可以与酸碱反应。

2. 铝的应用

金属铝的密度仅为2.702g/cm³，表面易形成致密氧化膜。质量轻和耐腐蚀是铝及其合金金属性能中的两大突出特点。除此之外，铝还有优良的导电性、导热性和优良的力学性能及光反射性能、隔音性能等，铝还可与众多金属形成各种高性能合金，这些性能决定了铝有其广泛的应用领域。

铝最主要的应用领域包括建筑、交通运输、机械、电力电子、耐用消费品及包装材料等方面，具体有以下几点。

①建筑。铝可用于制作建筑物铝合金骨架、铝合金梁、空心铝壁板、铝合金门窗及各种铝制构件。铝具有吸音性能，音响效果也较好，因此广播室、现代化大型建筑室内的天花板等也常采用铝质材料。

②交通运输。铝密度小，虽然比较软，但可制成各种高强度铝合金，如硬铝、超硬铝、防锈铝、铸铝等。这些铝合金广泛应用于飞机、汽车、火车、船舶等制造业，可降低交通工具质量，实现减重、节能。火箭、航天飞机、人造卫星也大量使用铝及其合金。

③机械。铝合金材料种类众多，质量较轻而强度较高，加工和铸造性能好，多种铝合金强度超过了合金钢。铝合金是优质的结构材料，常用于机械部件的制造，如发动机机体、车辆轮毂等。铝是热的良导体，其比铁的导热能力要大3倍，铝在工业中可以用于制造各种散热材料、热交换器和炊具等。铝是不容易受到腐蚀的，因为其表面有致密的氧化物保护膜，所以经常被人们用来制造化

学反应器、冷冻装置、石油、天然气、医疗器械和石油精炼装置等。温度越低，铝的强度就会越高，并且没有脆性，因此其可以作为理想的低温装置材料使用，如用于雪上车辆、冷库、冷藏库、氧化氢的生产装置等。

④电力电子。在金属中，铝的导电性仅次于银、铜和金，虽然它的导电率只有铜的2/3，但密度是铜的1/3，因此在输送同量的电时，铝线质量仅有铜线的一半。铝的氧化膜有一定绝缘性，且不容易腐蚀，因此铝也广泛应用在电子工业、输电线缆和电器制造业中。

⑤包装材料和日用品。铝有较好的延展性，在100℃～150℃时可制成薄于0.01mm的铝箔，还可制成铝丝、铝条。这些材料可广泛用于方便食品、饮料、香烟和日用品的包装。铝良好的力学性能和导热性使其广泛用于厨具、器皿、家用电器散热器等方面。

⑥涂料和反光材料。铝粉具有银白色光泽，常用来做涂料，俗称银粉、银漆，以保护铁制品不被腐蚀，而且美观。铝板对光的反射性能很好，其反射紫外线的能力比银高，因此常用来制造高质量的反射镜、太阳灶等。

（二）铝矿物和铝矿床

全球中已被知道的含铝矿物已经超过了270种，从技术角度来说，许多岩石和含铝矿物，例如明矾石、黏土、铝矿土、页岩、斜长岩和粉煤灰等都是用来提取铝的原料。但是铝土矿才是目前唯一被证明的，适合商业化提取铝资源的原料，其他原料提取铝在经济性方面还需要进一步证明。

铝土矿是以三水铝石、一水软铝石或一水硬铝石为主要矿物，赤铁矿、针铁矿、高岭土、蛋白石、石英、金红石、锐钛矿等为次要矿物所组成的复杂矿物集合体，产状多为无光泽、无解理的土状、豆状、碎屑状、致密状的集合体，硬度中等，颜色有白色、灰色、灰黄、黄绿、浅绿、蔷薇、砖红等，常以核状、豆状或土状出现。

1. 铝土矿矿物类型

通常所指的铝土矿矿物有三种类型，即三水铝石型、一水硬铝石型和一水软铝石型。三种类型的差别主要体现在化学结构和化学成分上，在铝的提取冶金工艺中，不同的矿物类型需要的工艺技术参数不同。

铝土矿应用主要包含铝冶金和非金属两个领域，全球铝土矿总产量的90%以上用于铝冶金行业，其余用于非金属领域。在非金属领域，铝土矿主要用于生产耐火材料、磨料、高铝水泥、铝化学品、焊料、脱色剂、阻燃剂等。

2. 铝土矿矿床类型

铝土矿矿床的成因理论和假说有很多种，国内外学者对铝土矿矿床成因类型划分先后提出了各种各样的分类方案，目前较为一致的看法是将其分为两大类，即红土型和沉积型。我国学者在其上又添加了产于地台区碳酸盐岩侵蚀面上的硬水铝石铝土矿床——堆积型，这一具重要意义的典型矿床。

①红土型铝土矿床。其是由下伏铝硅酸盐岩，在热带和亚热带气候条件下，经深度化学风化作用而形成的与基岩呈渐变过渡关系的残积矿床。全球红土型铝土矿主要分布于南、北纬30°间的热带和亚热带地区，有8个大的成矿带。储量规模大于10亿 t 的六大红土型铝土矿区分布于澳大利亚、几内亚、巴西、喀麦隆、越南和印度，均为易采的露天矿。红土型铝土矿储量占全球储量的88%左右。

②沉积型铝土矿床。它是由原来的红土型铝土矿，被地表通流长距离搬运、沉积于滨海、潟湖、沼泽等岩溶地形环境中形成的矿床，矿床基底以碳酸盐岩为主，少量基底为泥质岩、碎屑岩和玄武岩。此矿床与基岩呈不整合或假整合关系。全球沉积型铝土矿主要分布于北纬30°～60°附近的温带地区，主要分布于北半球，有6个大的成矿带，此类型矿床储量占世界总储量的11%左右。

③堆积型铝土矿床。它专指原生的沉积铝土矿由于构造变动暴露地表，后经剥蚀、搬运、堆积，在其附近的岩溶洼地、坡地中，再风化淋滤而成的矿床。

二、铝土矿勘探

铝土矿的种类很多，颜色与组织结构外形等都具备多样化特征，不易辨认，有经验的地质人员还经常将其认为是岩石或铁矿石。大体说来，铝土矿有白色、灰色、灰黑色、灰绿色、绿色、红色、褐色及褐红色等，并以其所含矿物成分不同来决定。如果含绿泥石多了，就呈现绿色；如果含铁多就为红矿；不含杂质的则呈白色。按矿石的组织结构来说，有直状、结核状、土状、致密状等。由玄武岩风化而成的铝土矿很像红色土块，贵州及河南、山东的土状矿，又像红砖，有时似砂岩，有时又似石灰岩，很难辨认。最可靠的辨别方法就是初期用容量法化验一下，只要合乎比值要求就可以确定它是矿石。

与其他矿产一样，为了查明铝土矿露头部分延展的长度，及厚度的品位情况，就应按200～400m 间距打槽，要求揭露出来整个的矿层厚度，或合矿系厚度，分段刻槽取样化验，由于铝土矿很难被正确认识，所以最好初期分段时先用 0.5m，以后掌握了矿石情况以后，再适当地放稀成 0.5 到 1m；样沟规格用 10×5cm 或 7×3cm 均可；在矿层不稳定的地段勘探时，间距可以加密成 50～100m。为了表示地质情况，可以测制 1/10 000 或 1/5 000 的地质地形图，工程位置最好用仪器测出坐标，以便计算储量时放大成 1/5 000 或 1/2 000，将来储量也较正确。但如果是勘探那种为了满足遍地开花的土法炼铝用的矿区，就不必系统打槽了，仅每隔几十或 100 多米将矿层揭露出来，刻样或打几块有代表性的标本去化验一下就可以。

三、全球铝土矿资源开发利用趋势

铝行业的产业链都包含了氧化铝、铝制品加工、铝土矿和金属铝等，这一行业中一般是全产业链的运作模式，公司会将原料到产品的过程在统一的组织里集中运营，或是通过公司合资、特定的长期承购协议保障供给的铝土矿资源。全球大型铝业公司的一般运营模式是以垂直整合为主，每个公司都有其自己的铝土矿矿山、电解铝厂、氧化铝厂和铝材加工厂。拥有独立性是垂直整合模式的优点，这样的好处是能够让公司确保原材料供应，方便应对市场中价格波动。铝土矿资源丰富、开采成本低、售价较低，一般不足以支持独立矿山运作。但近几年来情况有了相对改变，我国急剧扩张的铝产量，使得很多氧化铝精炼厂开始对铝矿产进口有所依赖，因此造就了有着独立运营的专业生产铝土矿的第三方铝土矿公司。

全球的铝土矿储量主要集中在热带和亚热带地区，包括南亚、拉丁美洲、非洲以及澳大利亚等地，因此全球氧化铝生产设施也多设立在这些地区。

（一）全球铝生产与市场需求发展趋势

150 年前，铝是一种非常昂贵的金属，1890 年前全球共生产了不到 200t 的铝，现在全球铝的消费量在所有金属中仅次于钢铁，位居第二。在未来的几十年内，人类对铝的需求将持续增长。铝在生产过程中消耗大量的能源，但铝的很多优异性能，如密度小、强度高、加工性能好、耐腐蚀、可重复利用等，这使其在汽车、飞机、轮船、智能建筑、电子电力等领域广泛应用。使用铝材可使交通工具轻量化，能极大节省能源、减少碳排放，目前使用铝材可使汽车减重 15%，每升汽油可行驶里程增加 10%。铝可重复回收利用，已成为现代社会实现可持续发展的重要工业材料。自 21 世纪以来，工业化和城市化发展极大地推动了人类对铝的需求，铝正在成为最重要的结构材料之一。人均铝消费量的高低被经济学家认为是衡量一个经济体是否强大和发达的显著指标之一，在这方面领先的是美国、欧盟、日本等发达经济体。

铝电解生产工艺的工业化改变了人类使用金属的历史。1890～1899年，全球铝产量达到2.8万t，1900～1930年，全球铝产量增加了10倍，达到27万t，相当于现今一个电解铝厂的年产量。20世纪中期，全球铝产量达到100万t，到1973年全球铝产量达到1000万t。在接下来的几十年中，这些产量增加的趋势持续存在，到2016年全球原铝产量达5760万t。

1945～1972年，全球铝市场需求量的复合增长率已经达到了9.8%，赶超全球GDP增长速度，其主要原因是铝在电缆、飞机建筑、铝箔材料和后来的食物包装材料、饮料罐等方面的应用。1975～2015年，其平均年复合增长率已经超过3%，近十年则超过5%。其原因首先是铝在不断扩大自身在航空、航空、汽车和结构材料等领域的应用；其次是中国作为世界第一人口大国，其城市化和工业化的进程对铝材料的需求有所增长。

（二）铝价格变化趋势

从表面来看，铝的价格在100年中一直波动上涨。但实际上，国际铝业协会（IAI）在调整消费物价指数后，其价格是下降的，原因是铝行业产业的规模化和技术进步极大降低了铝的生产成本。

铝的价格在1972年之前是相对稳定的，但之后其价格波动逐渐变大，特别是在1978年的伦敦金属交易所推出了铝期货贸易之后，其在一些方面表现出了金融属性。一般情况下，70%铝的生产成本有关于能源消耗，1972年后，全球能源价格波动加大直接推动了铝价的波动，铝的价格主要取决于市场供需关系、能源价格、美元指数。近年来，随着我国经济增速放缓，铝业产能增长过快，全球铝市场需求增速和能源价格下降，铝价也不断下跌。综合分析，预计未来全球铝需求增长较稳定，原铝的供应增长在逐步下降，供需缺口逐步缩小，预计未来铝价格会逐步反弹。

（三）铝产业技术发展趋势

全球铝土矿生产以传统的露天采矿方法为主，采取钻孔爆破或挖掘机械直接开采的方式，采出的矿石混料后直接运输到氧化铝厂，或者经过破碎、筛分、水洗、脱泥、分级等简单的加工工艺加工后输送到氧化铝厂。

拜耳法生产氧化铝在全球占到70%以上。拜耳法适合铝硅比高的铝土矿资源，铝硅比低的铝土矿资源宜采用能耗高的烧结法。铝业生产的技术进步主要围绕着节能、环保、效率展开。2010年世界铝业协会发布了修订版的《氧化铝技术指南》，该指南明确了氧化铝生产技术的发展方向主要有以下七个方面。

①节水循环技术。

②减少水、灰尘、碱、可挥发性气体及金属等废弃物排放的减排技术。

③提高能源梯级使用效率、废热回收效率及提高换热器效能等方面的节能技术。

④减少温室气体排放的节能技术和二氧化碳捕获及储存技术。

⑤提高设备运转效率，降低运营成本的技术。例如，减少氧化铝生产过程结疤的技术，提高铝浸出率、减少材料消耗的技术。

⑥工艺的自动化技术和在线监测控制技术及可根据不同类型铝土矿原料灵活调整工艺和参数的生产技术

⑦可改进氧化铝产品质量，以利于提高后续铝电解过程能量效率，产出高品质电解铝。例如，美铝成功实施的生物法去除草酸盐技术、中铝的铝土矿选矿技术、脱硅及各种除杂技术等。

电解铝技术围绕着高效、节能、环保的方向发展，该技术的核心是电解槽设计和精确控制。铝电解的生产成本主要由电耗成本所决定，降低电耗、提高效率、减少有害气体产生、防止它们排入大气是铝电解行业追求的目标。近年来力拓、挪威海德鲁铝业集团、俄铝等铝业巨头都在电解铝技术上持续投入，推动了铝电解技术的发展。

海德鲁从 2008 年开始试验运行了 HAL4e 电解槽，多年运行表明该电解槽具有投资成本低、能源消耗低和突出的环境保护性能，各项运营指标优异。

力拓研发了 AP 系列铝电解槽和铝电解控制技术，其根据改进的磁流体力学模型设计保障了良好的磁场平衡，电解槽可以在低极距下运行，具有高可靠性、高生产效率、高能源效率，该公司认为作为清洁冶炼技术和最低的碳排放代表的 AP 铝电解技术可以作为全球铝电解技术的标杆。

俄铝正在开发革命性的新型惰性阳极技术，可确保冶炼过程环保。新电解槽所衍生的唯一副产品是纯氧气。一个采用惰性阳极技术的单一电解槽可生产的氧气量，相当于 70 公顷森林的总释放量。此外，俄铝正在着手研究如何改造电解槽的结构，研发垂直阳极构造的电解槽以改善生产空间，并减少能源消耗量。除此之外，俄铝的另一个研发项目可以通过改造电解槽底部以提高能源效益。

第四章　非金属矿产勘探与资源开发

从原始时代开始，人类就是在广泛利用非金属材料，如石器、陶器。后来金属材料逐步代替了原始的非金属材料，从而产生了现代工业文明。但随着科学技术进步，目前非金属矿开发速度，已越来越快。在未来世界中非金属材料将占有极为重要的地位，人类将重新返回到大量利用非金属材料的时代中去。本章对几种主要的非金属矿产的勘探及资源开发等做了详尽阐释。

第一节　石墨矿

一、概述

（一）石墨的技术特性与用途

石墨的化学成分是碳（C）。碳有 3 个同质异象体，即炭、石墨和金刚石，它们的结构和密度不同。石墨呈铁黑色、钢灰色，具金属光泽，六方晶系，相对密度为 2.1 ～ 2.3。石墨具有良好的导电性和导热性，其导电导热性能比不锈钢大 4 倍。石墨具有很好的润滑性，鳞片越大，润滑性越好。石墨的熔点为（3850±50）℃。随温度升高，石墨不软化，并在温度急剧变化时不产生裂纹，即抗热震性能好，它是极好的耐高温轻质材料。石墨具有很好的可塑性，可压制成复杂的形状。

由于石墨优异的技术特性使其的工业用途极为广泛，在冶金、机械、化工、建材、电气、电子、航空航天及核工业中应用尤为广泛。

冶金工业是石墨最大的消费领域。石墨在冶金上主要用作配制耐火材料、铸造模面和坩埚、炼钢的增碳剂等。加入石墨后能明显改善耐火材料的抗热冲击性和抗腐蚀性，20 多年来，冶金上对碳 - 镁和碳 - 铝耐火材料的用量不断增长。日本使用含碳 20% ～ 25% 的耐火砖，使炉龄提高到 1 000 炉。大约 60% 的大鳞片石墨用于坩埚生产。炼钢增碳剂和铸造、涂料则主要使用低碳石墨和无定形石墨。据报道，在美国包括耐火材料、坩埚和增碳剂三方面的冶金均使用天然石墨，占天然石墨总消费量的 61% ～ 75%。

船轴、火车头和车厢轴可用石墨作为润滑剂，在高速、高温、高压的条件下代替常规的润滑油。用石墨制成的固体润滑剂，可用于各种机械的润滑。

在轻工业中，石墨被用来制造铅笔芯、黑色颜料、油漆、油墨及防垢防锈材料等。

（二）矿石类型和工业要求

工业上根据石墨的结晶形态，将石墨分为两类：晶质（鳞片状）石墨和隐晶质（土状）石墨两种矿石类型。前者为晶质石墨，晶体直径大于 1μm，呈鳞片状，此类石墨矿石品位一般较低，需经选矿提纯才能使用；后者即隐晶质石墨，晶体直径小于 1μm，微晶集合体呈土状，此类石墨矿石品位高，但可选性差，可直接磨碎使用，也可精选提纯使用。

二、矿床形成条件

碳在地壳中的丰度为 0.35。岩浆岩的平均含碳量为 0.051%，页岩中为 0.8%，CO_2 中为 2.63%，石灰岩中含 CO_2 为 41.54%。因碳的原子容积甚小，在岩浆结晶时期，一般不参加到硅酸盐晶格中去，只有当其浓度很大而有适当的热动力条件时则能单独组成自己的晶格成为金刚石或石墨。当它不组成自己的晶格时，经常以 CO_2 状态存在于岩浆的气体相中或自火山孔道逸出到大层中或在岩浆期后流体中呈络阴离子，最后形成碳酸盐矿物。在表生作用下，其可以部分溶解在水中，经常与金属形成重碳酸盐参加到地表水循环以至大量搬运入海，构成厚大的石灰岩沉积。大量碳质还会参加到生物地球化学循环，大气中的 CO_2 由于生物光合作用组成有机体，使有机岩类堆积。显然，大量碳质的聚积主要发生于表生沉积作用，因而在沉积岩中含碳量远远超过岩浆岩。但是，大量碳质的堆积并不等于石墨矿床的形成，因为石墨的形成必须是碳质集中过程和一定的热动力条件结合。从实验人们中得知，金刚石在空气中灼热到 850℃ ～ 1 000℃时，可转变为 CO_2，当无氧的情况下灼热到 2 000℃ ～ 3 000℃时，金刚石逐渐转变成石墨。另有资料显示，这一转变的温度在 1 500℃，甚至 1 000℃时已经显著开始。这说明石墨的形成是在无氧的环境中进行的，而且温度相当高。人们也曾从其他实验中制造过石墨，如用无烟煤在电炉中绝氧加热至 2 500℃以上得到能够工业应用的石墨；用煤烟与氟化钙混入硅酸盐熔融体中，当其缓慢冷却，就会形成六方板状石墨。这些人造石墨都是在高温还原条件下进行的。显然，石墨矿床形成的地质作用应属内生成作用，因此由于表生作用、生物地球作用所引起的巨大有机碳质和无机碳酸盐的聚积，经过变质作用和强烈的热动力作用的改造，同样可以使这些碳质转变成石墨。

由上述可见，自然界大量的石墨都是由地壳中有机物质（碳）和无机碳酸盐岩在一定的物理化学条件下分解和结晶形成的。岩层中生物遗体、沥青、煤层、碳质岩石及各种海相碳酸盐岩石提供了石墨矿床中碳的来源。利用近代对石墨中碳稳定同位素的研究，可以帮助人们确定碳的有机或无机来源。

三、矿床类型

（一）区域变质型石墨矿床

该矿床产于早前寒武变质岩系中。矿体受变形强烈，使矿体形态、产状复杂，有时可成群、成带分布。矿体主要为石墨片岩或石墨片麻岩。矿床附近有时受混合岩化作用会出现花岗伟晶岩脉。

该矿床产出的矿石中以含鳞片状石墨为其突出特点。此外，还有斜长石、石英、黑云母、石榴子石、钾长石、透辉石、锆石、金红石以及铁、铜、锌等金属硫化物。石墨等矿物在矿石中均匀分布，定向排列，构成片麻状或片状构造，鳞片片径一般为 0.5 ～ 1.5mm，因受混合岩化片度加大，鳞片可局部集中形成斑杂状构造，直至形成一些石墨脉体。矿石品位较稳定，碳含量一般为 5% ～ 10%。有的矿石中五氧化二钒含量较高，为 0.02% ～ 0.1%；五氧化二磷的含量也较高。当矿体受断裂破坏，石墨矿石发生泥化，断裂通过之处矿石质量会降低。

早前寒武纪孔兹岩系中大理天然石墨矿床一般规模为大中型，石墨质量好，品位较稳定，易于选矿，并可露天开采，是石墨矿床中的最重要类型，在世界上占十分重要的地位。我国已探明石墨储量的 95% 来自本类型。

我国山东莱西南墅，黑龙江鸡西柳毛、勃利佛岭，内蒙古兴和，江西金溪等石墨矿床都属于本类型。此外，其在俄罗斯、朝鲜、马达加斯加、挪威等国也是重要石墨矿床类型。

（二）接触变质型石墨矿床

接触变质型石墨矿床是在变质煤系地层中产出隐晶质土状石墨的矿床，是石墨矿床中仅次于区域变质型层状石墨矿床第二重要矿床类型。这类型矿床是由于煤层受中酸性岩浆侵入，发生接触热变质而形成的，因而决定了它的系列地质特征。在我国该类型矿床主要有湖南郴县鲁塘石墨矿床和吉林磐石烟筒山石墨矿床。

其含煤岩系由碎屑岩和生物岩组成，即由泥质岩、泥质、粉砂质岩，砂岩和煤层（岩）、油页岩等组成。接触变质煤层除变成石墨矿石以外，其余的岩石在受到岩浆侵入后因接触热变质形成各种角岩。其由于离侵入体远近不同而受热变质强度不等，出现了热变质相的分带，特别是泥质岩反应的更明显。从较高温到较低温会分别出现石榴子石、矽线石、电气石、堇青石和红柱石等特征变质矿物。整个岩层从接触带往外，表现为从强的角岩化到轻微的角岩化，直至未变质的原岩。而煤层则从结晶的细鳞片状石墨到隐晶质石墨，到石墨化无烟煤渐变过渡到无烟煤。

由于含煤岩系中常有多层煤产出，因而也往往有多层石墨产出。矿体呈层状或透镜状，厚达几十米，延长几百米或几公里。

该矿床中矿石主要由隐晶质石墨组成，石墨结晶程度极低，颗粒小于 $1\mu m$，集合体为土状，其中杂质矿物有石英、黏土矿物、金红石、碳酸盐和黄铁矿等。矿石品位较高，一般为 60% ～ 80%，有的超过 90%，但矿石可浮选性差，大多数情况下经过手选再进行细磨分级即可得成品。一般可将选后的精矿和尾矿分别作为不同质量的产品出售。

这类矿床规模较大，石墨含量高，是石墨矿床的主要类型之一，在世界上占有重要的经济地位。因矿石为土状结构，所以不及鳞片状石墨应用广泛。

在我国，该类石墨矿床广泛分布在石炭、二叠、侏罗系煤系地层中，主要矿床有吉林磐石、湖南鲁塘、福建漳平高山、广东连平梅洞等石墨矿床。国外主要产隐晶质石墨的国家有朝鲜、奥地利、墨西哥和俄罗斯等国。

（三）热液型脉状石墨矿床

这种石墨矿床产于结晶片岩、大理岩的裂隙中，常常构成巨大的矿带。带内分布有伟晶岩脉、花岗岩脉。矿带中的矿脉呈单脉状、树枝状或网脉状，有的为板状矿体，并与围岩片理一致，矿脉倾角一般很陡。脉厚由数厘米到数十厘米，延长可达数十米或更长。大多数矿脉中石墨含量极高，有的可达 98%。共生矿物主要为高温气成矿物黄玉、电气石、磷灰石等，还有长石、辉石、金红石、磁铁矿、石英、方解石、黄铁矿、辉钼矿等硫化物。石墨呈柱状、板状、纤维状等细长晶体垂直脉壁生长，晶体长度一般为数厘米，有的可达 1m。目前人们对这种矿床类型的形成研究得不够，推测其可能与变质热液或混合岩化热液作用有关，热液活动促使岩石中的碳活化转移，至构造裂隙中富集成矿。这种矿脉附近常分布有金矿，值得注意。

该类型矿床质量较好，有一定的经济价值，但分布不广。其中，斯里兰卡（规模较大的脉状）石墨矿床总储量达 $2\,000 \times 10^5$t，美国、墨西哥也有此类型矿床。

（四）矽卡岩型石墨矿床

这类矿床产于侵入岩体与石灰岩接触带的透辉石、石榴子石矽卡岩中。矿体呈透镜状、巢状，鳞片状石墨呈浸染状分布于矽卡岩中。矿体厚十几米，长达 $100 \sim 150$m，石墨品位一般为 $10\% \sim 20\%$，最高可达 $60\% \sim 80\%$。这类矿床石墨质量好，储量也很大，在国外是一个重要的矿床类型，但分布稀少。目前所知，只有加拿大安大略、魁北克的矿床最为著名，美国的安德路达克也有此类矿床。

四、石墨矿勘探

（一）石墨矿床勘探的前提

矿床勘探是找矿和详查阶段地质工作的继续与深入，矿床勘探就是要在找矿、详查评价的基础上，选择具有工业价值的矿床，运用有效的勘探技术手段与方法，对矿床的地质特征和经济技术条件全面调查研究后，做出矿床的详细评价，为矿山开发设计建设提供依据及所需的矿产储量和地质、技术经济资料。由于我国石墨矿产资源丰富，已探明储量按当前生产能力对生产的保证程度高，因此我国今后石墨矿床勘探时要坚持择优选择的原则，只有对具有资源优势并能取得好的经济效益的矿床进行勘探，才能使地质工作尽快转化为经济效益。凡是进行勘探的项目，必须是符合工业生产建设要求，经过经济技术论证，已列入建设计划准备近期开发的矿床。这样资源开发才能有的放矢，避免勘探资金积压与浪费。

在勘探矿床选定以后，必须明确勘探的具体任务要求，这是编制勘探地质设计的主要依据。勘探任务要求一般包括储量任务和工业指标两部分。储量任务部分包括建设需要的总储量；首期开采所需较高级别储量的比例，勘探区段的选择及较高级储量的摆布位置等。工业指标通常包括矿石质量和矿床开采技术条件两方面的内容。

在明确矿床勘探的具体任务要求后，全面展开勘探地质工作前，必须做好矿床勘探地质设计。这是编制地质工作计划、确定勘探工作方法和手段，部署工程技术和探矿工程力量，安排物资供应，核定经费预算及组织安排整个勘探地质工作的主要依据。因此，进行矿床勘探地质工作设计时，地质人员要对矿床找矿、详查阶段取得的资料充分分析，做好实地调查，吃透矿山建设及设计部门的意图，明确勘探地质工作任务要求，在此基础上确定勘探地质工作总体部署方案，然后再分别进行各项工作的具体设计。

（二）矿床勘探工作要点及技术方法

1.勘探技术手段与勘探工程总体布置

石墨矿床勘探常用的技术手段以槽探、钻探为主，并充分采用物探相配合。槽探主要用于对矿体地表部分控制，第四系覆盖物较厚或矿体风化带较深地段，使用槽探达不到目的或不安全时，也可用浅井、浅钻代替，钻探用于追索和图定深部石墨矿体，钻孔深度一般小于600m，钻孔口径视需要而定，在一些矿床勘探中，推广小口径金刚石钻进已取得很好的效果。实践证明，在适合的条件下，运用物探做出地质推断以指导勘探工程布置，了解矿体深部或外围的远景及利用物探测井资料以准确划分矿层等技术均有不错的效果。

石墨矿床勘探工程总体布置一般采用勘探线法，这是由于矿体形态不太规整，但矿体分布通常又具有明显的走向与倾斜，运用勘探线法可以灵活有效地控制矿体。如果是产状平缓的隐晶质石墨矿床或产状不明显的岩浆热液类石墨矿床，也可用勘探网法布置工程，如果是急倾斜矿体准备采用坑道开采时，也可用水平勘探法按一定高积分中段对矿体进行控制。

2.石墨矿的采样、加工与分析

由于石墨的品位必须通过化学分析才能准确确定，而品位又是确定含石墨岩石是矿或非矿的依据，所以石墨矿床勘探中化学基本分析样品一般是比较多的。化学基本分析样品应按矿体、矿石类型、矿化强弱分别采取。石墨矿床的矿石品位在整体上的变化一般不大，但在局部小范围内，由于碳质成分的差异，粗粒脉石矿物分布不均匀，还有长英质脉体的不规则贯入等，造成了矿化强弱与品位变化。而沿矿体厚度方向品位变化往往比沿走向方向要大，因此取样长度不宜过长。地质人员通过对矿体中的夹层及矿体顶底板附近围岩取样，分析其物质成分及有用、有害组分的含量，可为综合利用或考虑开采贫化问题提供资料。

3.石墨结晶程度和石墨鳞片片度研究

自然界中石墨很少具有完整的晶体，而是呈现各种无序状态且石墨化程度不同的碳质，其分散分布在各种含矿的岩石中。不同类型矿床之间，由于成矿条件的区别，其结晶程度有显著差异。在区域变质作用条件下生成的石墨其结晶程度较高可形成晶质石墨矿床。许多实验研究显示了石墨的结晶程度与母岩变质作用程度密切相关。变质程度越高，石墨的形态越完整。在矿床勘探中，要注意研究矿石中石墨的结晶程度及其局部出现的差异。研究的方法主要是通过岩矿鉴定，或取少量样品做 X 射线衍射分析及热分析等。因此，进一步改进石墨鳞片片度测定工作，探求简易可行的测定方法，仍然是今后石墨矿床地质工作中值得研究的课题。

4. 矿石风化带的确定

裸露地表的石墨矿石，在大气条件下经过风化，矿石的物理性状和化学成分较原生矿石均有一些变化。晶质石墨矿床中常见的风化作用多以物理风化为主，风化后矿石一般呈黄褐、棕色，结构疏松，孔隙度增加、体重减小。但矿物成分没有大的变化，仅出现由于次生作用发生的一些长石高岭土化、黑云母绿泥石化、黄铁矿变成褐铁矿等现象。由于石墨矿物本身物理化学性质的稳定性强，强烈的风化作用对石墨矿物也没有什么影响，风化矿石的品位和石墨片度都无多大变化。无论是晶质石墨矿床或是隐晶质石墨矿床，在地质勘探中都必须重视对矿石风化带进行研究。

确定矿石风化深度，主要是通过地质观察，从露头或钻孔矿芯中矿石颜色、结构等特征的差异来鉴别，并结合岩矿鉴定及化学分析资料予以确定。一般可根据勘探工程中取得的资料，综合分析风化带的深度及其分布规律，也可配合采用物探方法，通过测量矿石密度的变化和弹性波在矿层中的传播速度等，了解矿石结构构造疏松程度，从而判断其风化程度。

5. 石墨矿产储量计算和矿床勘探地质报告编制

石墨矿产储量计算的一般原则与其他固体矿产储量计算基本一致，采用的计算方法也是常用的断面法、地质块段法等，具体视矿体的情况而定。但值得人们注意的是，由于现行石墨工业指标中采用边界品位与最低工业品位双标准要求，这与建材原料矿产及一些非金属矿产只采用单一标准的储量计算有所区别。石墨储量计算的单位为万吨，计算的内容包括平均品位、矿石量和固定碳量（矿物量）三项。这点也是与建材原料矿产及一些非金属矿产有所区别的。只有同时标明上述三项内容才能全面反映石墨储备状况。

五、石墨矿资源现状与展望

石墨是一种在世界上分布十分广泛的非金属矿物原料，几乎各国都有发现。

但以亚洲的石墨资源最多，其次是欧洲，北美洲和非洲也拥有一定的资源，南美洲与澳大利亚分布最少。

在亚洲主要分布在中国、朝鲜、韩国、印度、缅甸、泰国和斯里兰卡。据不完全统计，亚洲的储量占世界储量的 62.5%。其中，中国以晶质鳞片状石墨为主，韩国以隐晶质石墨为主，斯里兰卡盛产脉状石墨矿床。印度是一个较大的石墨生产国，大部分是隐晶质石墨。

我国是世界上石墨主要生产国和出口国之一，石墨储量、产量及出口量均占世界首位。我国石墨产量占世界总产量的 40%，在我国非金属矿出口产品中，仅次于菱镁矿、萤石、铝矾土，居第 4 位。

我国石墨矿床主要类型是区域变质型的晶质鳞片状石墨，广泛分布于新太古代到古元古代孔兹岩系或与之类似的变质沉积岩系中。在我国已探明石墨的16 个省市中，有 12 个省市有此类矿床，已探明的储量十分丰富，占全国总储量的 79%，而且远景十分可观。接触变质煤系地层的石墨矿床，即隐晶质土状石墨，其产量占全国石墨总产量的一半以上，该类型矿床主要分布于湖南、吉林、黑龙江、福建等省的上古生代到中生代煤系地层与燕山期花岗岩接触带附近。

由上述看出，我国已开采的石墨矿床主要集中在东部沿海各省市，而西北、西南地区只有小型石墨矿床，并且基本没有得到开发利用。石墨是人类已知元素中最耐高温的功能性材料。石墨目前正逐步取代某些金属材料和有机材料，有关方面应重视新产品开发应用研究。

石墨消耗最大的国家是美国，其次为日本。展望未来世界石墨市场，其前景广大，我国是石墨资源十分丰富的国家，要大量增加出口，开拓国际市场，要增加产品种类，提高产品质量，增加信誉。

第二节　金刚石

一、概述

（一）金刚石的性质

金刚石是非金属矿物，成分为碳（C），与石墨是同质多象变体。天然产出的金刚石呈微粒状晶体，等轴晶系，常呈八面体和菱形十二面体，四面体和六面体少见。南非"库里南"钻石体积达 10cm×6.5cm×5cm；中国山东"常林钻石"达 158.786 克拉。金刚石晶体内可见固相、液相和气相包体。固相包体有橄榄石、镁铝榴石、透辉石、铬铁矿、石墨、硫化物等；液相和气相包体有 H_2O、H_2、CH_4、CO、CO_2 和 N_2。

金刚石的颜色有无色、浅蓝色、黄色、绿色、粉红色、烟色、灰色、褐色和其他颜色。金刚石晶体透明、半透明和不透明，这主要取决于晶体结构的完善程度与杂质和包体的含量及染色浓度。在紫外线、阴极射线的射线光辐射下金刚石能发光。

金刚石是自然界中硬度最大的矿物，摩氏硬度为 10，其绝对硬度比刚玉大 150 倍，比石英大 1 000 倍。此外，其化学性质十分稳定，有极强的抗酸、抗碱、抗辐射能力和耐磨性、耐火性，在空气中，其燃点为 850℃～1 000℃。

（二）金刚石的用途

根据金刚石的物理和化学性质的特点，可以说，它是一种新的高技术材料。按用途可将其分为宝石级金刚石和工业级金刚石。

宝石级金刚石用于珠宝业，是贵重的装饰品，其价值是黄金的几百倍，透明度高，无色或颜色艳丽均匀，无残缺（裂隙、包体），具一定重量的晶体及其碎屑均属宝石级，其经加工则被称为钻石。自 20 世纪 70 年代以来，由于经济衰退、通货膨胀、汇率波动等因素，为避免贬值，各国把钻石当作类似黄金的硬通货币，成为投资商品和银行储备对象。世界上宝石级金刚石消费量最大的国家是美国，其次是日本、德国和其他欧洲国家。

工业级金刚石因其独特的物理和化学性质而广泛应用于地质油气钻探矿产开采、石材加工、冶金、机械、电气、电子、玻璃陶瓷精密仪表、国防和空间技术等部门。其主要工业用途包括制造金刚石钻头、磨具、磨料、刀具、修整工具、玻璃刀、拉丝模、仪表测头（如硬度计压头）、光学仪器、半导体材料、计数器（检测核辐射能量）、精密轴承等。

近年来，人们深入研究金刚石的热学、光学、电学等性能后，按成分把金刚石分为两种类型，即 I 型和 II 型。I 型金刚石按其氮含量及存在形式不同又分为 Ia 型和 Ib 型两个亚类；理想的 II 型金刚石不含氮杂质，但通常其含有少量氮和其他杂质，如 B、Be、Al 等，其也同样分为 IIa 和 IIb 型两个亚类。这种分类不仅对天然金刚石矿床的评价与开采具有重要意义，而且对合理使用和提高经济效益同样重要。

Ia 型金刚石：晶体中含氮量一般为 0.1%～0.3%。它会影响紫外和红外光谱吸收，降低热导电率等性能。天然金刚石中 98% 属 Ia 型。

Ib 型金刚石：其也含有氮，但含量低，绝大多数见于人造金刚石中。

Ⅱa 型金刚石：它具特别好的导热性能，在室温条件下为铜的 25 倍，200℃时为铜的 3 倍。含氮极少，使金刚石具有特别的解理，提高了光学和热学性能。该类型金刚石在矿床中含量极少。

Ⅱb 型金刚石：它具有半导体性能（为 P 型半导体），电阻率低，常呈天蓝色，易于辨认。

Ⅱ型金刚石虽然很稀少，但它却包揽了大多数巨型的宝石金刚石，如"库里南""高贵无比"等，原石重量均在 600 克拉以上。

Ⅰ型金刚石主要用于传统的工业和科学技术领域；Ⅱ型金刚石则用于国防尖端工业和电子、高技术领域。

随着科学技术进步和人们对金刚石的性质、用途更深入研究，必将使其应用领域更为广泛，这是其他任何材料都无可比拟的。

（三）金刚石的质量要求

宝石级金刚石晶体的主要质量指标是它的大小（或重量）、透明度、颜色和色调、有无渣滓斑点、裂隙。其最小重量为 0.05 克拉，大者在 10 克拉以上，大于 500 克拉的宝石级金刚石为超级巨钻石，迄今世界发现的超级巨钻石不超过 50 粒。

工业级金刚石颗粒变化大，以微粉细粒至粗粒皆有，晶体多呈不规则状，半透明到不透明，具不同程度的暗色色调，裂隙较为发育。

金刚石矿床的经济价值取决于矿床内宝石级金刚石及大颗粒工业用金刚石的含量，矿床品位，开采难易和矿石加工难易程度等。

二、矿床形成条件

世界上已发现上万个金伯利岩岩体，其中有工业价值的岩体占 5% ~ 10%。近年来在西澳金伯利岩区发现 100 多个钾镁煌斑岩体，也只有少部分具有工业意义。因此，自然界中金刚石矿床是极稀少的，其形成条件是十分复杂的。

（一）地质构造背景

现今世界上已发现的含金刚石金伯利岩体主要分布于非洲和西伯利亚地区。我国山东、辽宁、贵州等地也发现有含金刚石的金伯利岩和钾镁煌斑岩。

含金刚石的金伯利岩均处于特定的大地构造位置，即古老的前寒武纪地盾或克拉通古陆，是地壳演化过程相对稳定的地质构造环境。世界上几个规模较大、形成较早的前寒武纪板块，如非洲、西伯利亚、印度、南美及我国的华北板块都找到了具有工业意义的金伯利岩型金刚石矿床；其他一些前寒武纪板块，如北美、澳洲及我国扬子板块内也发现了金伯利岩或金刚石砂矿。在地槽活动带内目前尚未找到过含金刚石的金伯利岩。含金刚石的钾镁煌斑岩多产于克拉通边缘活动带附近，或克拉通毗邻的时代相对年轻的盆地中，20世纪70年代以来，在西澳环绕金伯利古克拉通的西南部和东部两个古元古代活动带内，人们发现了几十个含金刚石的钾镁煌斑岩筒，其中东部活动带内的AK-1岩筒规模大，品位高，是近来世界上新发现的一个大而富的钾镁煌斑岩型金刚石矿床。

（二）控制含矿岩体的断裂构造

含矿岩体常呈岩管（筒）、岩脉和岩株产出，并沿一定方向成群成带产出，其空间分布严格受断裂构造控制。古老稳定的太古宙克拉通，刚性强度较大，当遭受后期应力作用时，容易形成切过地壳的深大断裂，重新分割古地块构成隆起带与坳陷带。金伯利岩主要产于地块内部深断裂内或深断裂带两侧的次级断裂带，或地块与坳陷带衔接地带附近及坳陷带内部的断裂中。钾镁煌斑岩多产于元古宙边缘活动带内。总之，含矿岩体无不受深断裂构造体系控制。

我国华北克拉通内已发现9个金伯利岩群和1个钾镁煌斑岩群，其中山东蒙阴和辽南复州两个含金刚石金伯利岩群分布于郯庐断裂带两侧。蒙阴含矿岩体侵入于太古宙克拉通隆起带内的片麻岩和混合岩中，有3个矿带，各受北西向、北北东向和北东向断裂控制。辽南复州含矿岩群产于克拉通内坳陷带的震旦纪到古生代沉积岩中，共3个矿带，走向为北东65°～75°，受围岩的密集节理带、张裂隙带等构造控制。

（三）矿床的形成时代

原生矿床的成矿时代一般用含矿岩浆侵位时间来表示。世界各地金伯利岩的形成时代如下。

1. 前寒武纪

如非洲金伯利岩管年龄为20亿～23亿年，南非、印度、巴西等国发现的前寒武纪含金刚石砾岩的时代为5.5亿～27亿年。

2. 泥盆纪—石炭纪

如西伯利亚地区，金伯利岩管穿切奥陶纪地层，在石炭纪地层中发现了金刚石。

3. 中、晚三叠纪

如西伯利亚金伯利岩有些年龄为1.85亿～2.05亿年。

4. 晚侏罗—早白垩世

如西伯利亚地区。

5. 晚白垩世

如南非许多岩管为 0.58 亿年。

6. 第三纪

该形成时代发现于捷克。

总之，世界上金伯利岩岩浆活动有几个时期，一般岩浆活动与主构造运动相适应，而金伯利岩的岩浆活动往往发生在构造运动的末期。

我国金伯利岩的形成也具有几个地质时期。产于华北克拉通内山东蒙阴与辽宁复州含金刚石的金伯利岩侵位时间为 457～462Ma，属加里东晚期产物；产于扬子克拉通内含金刚石岩体主要为钾镁煌斑岩 - 钾质煌斑岩，侵位时间为 368～477Ma 和 326～493Ma，属加里东期 - 华力西早期产物。总之，我国已知金刚石矿床主要形成于古生代，加里东构造运动对含矿岩体的活动影响较大，中生代的矿床还未发现。

（四）与成矿有关的岩浆岩

就目前所知，原生金刚石矿床仅与金伯利岩和钾镁煌斑岩有关。

1. 金伯利岩

（1）岩石学特点

1870 年，在南非金伯利城附近第一次发现含金刚石的岩石，当时人们称其为角砾云母橄榄岩，以后改为"金伯利岩"。它是一种富含挥发分（CO_2、H_2O）的偏碱性超基性岩，产状为浅成或喷出岩。其中既含直接由岩浆结晶的斑晶和基质矿物，又包含多种幔源、同源捕虏体和捕虏晶及围岩碎屑。常见斑晶为橄榄石（假象）、镁铝榴石、金云母、铬尖晶石、钛铁矿、单斜辉石、金刚石等，粒度为 0.5～5cm，其形成往往是多世代的。捕虏晶一般较斑晶大得多，有的可达十几厘米。同源捕虏体有早期金伯利岩、金伯利岩岩球等，幔源捕虏体有纯橄榄岩、方辉橄榄岩、二辉橄榄岩、榴辉岩及组成这些岩石的捕虏晶。此外，还有壳源捕虏体。各种斑晶、捕虏晶和捕虏体碎块被熔浆性质的显微斑状的细晶物质胶结，后者主要成分是金云母、镁铝榴石、铬尖晶石、钛矿物、碳酸盐和蛇纹石等，它们共同构成金伯利岩。因此，它具有斑状和碎屑状结构、块状、斑杂状及角砾状构造，其岩浆作用过程兼有侵入和爆发作用。晚期常伴随蛇纹石化、碳酸盐化热液蚀变。其一般呈复式岩体产出，是多阶段岩浆活动产物，多呈岩管（筒）、岩脉、岩床状。具有工业价值的金刚石矿床多产于岩管内。

（2）金伯利岩的成因

大多数岩石学家认为，金伯利岩源于上地幔，并提出多种成因假说。我国的黄蕴慧等学者综合国内外资料，特别是通过华北克拉通金伯利岩的研究，认为部分熔融理论较为合理。金伯利岩浆是母岩部分熔融而形成的。

当克拉通内部出现有利的构造条件，富含挥发分的金伯利岩浆，在巨大的气流作用下，携带着周围地幔岩石的碎块和金刚石及上升通道附近的地幔岩石和金刚石，呈流体状态迅速上升，在上升至上地壳过程中结晶成岩。当金伯利岩浆贯入次一级断裂中或盖层岩石的层间状形成岩脉或岩床，也可以在地壳有利部位形成金伯利岩爆发岩筒。

2. 钾镁煌斑岩

钾镁煌斑岩是近年来在西澳发现的一种重要的含金刚石的岩石，从而为寻找金刚石原生矿床开辟了新的领域。钾镁煌斑岩是一种超钾质系列的火山成因的富钾、富镁的煌斑岩，具有角砾状和块状构造，角砾中除围岩碎屑外，还有幔源包体（主要为二辉橄榄岩和斜辉橄榄岩），其具有斑状或岩屑、晶屑结构。它的主要矿物为橄榄石、金云母、斜方辉石、铬透辉石、铬尖晶石、白榴石、富钾镁闪石、红柱石、钾钙板锆石、钾钡长石和磷灰石，还有少量镁铝榴石、锆石、钙钛矿和金红石。根据矿物含量钾镁煌斑岩可进一步划分为橄榄石钾镁煌斑岩和白榴石钾镁煌斑岩。

钾镁煌斑岩中的金刚石多为捕房晶，众多的西澳钾镁煌斑岩中含矿的不多，只有橄榄钾镁煌斑岩及相应的火山碎屑岩含金刚石较高，金刚石矿化主要集中在火山口。目前，只有西澳的阿尔盖地区的 AK-1 号岩管和印度马加旺岩筒具有工业价值。

（五）金刚石形成的物化条件

形成金刚石的主要因素是温度、压力、氧逸度（fo_2）、地幔流体和碳源。Haggerty（哈格蒂）认为，在 C-O-H 系统中，fo_2 值高时，CO_2 稳定；fo_2 低时，CH_4 稳定；fo_2 中等时，单质碳稳定；金刚石在 fo_2 较低时比石墨稳定。我国一些研究者认为，山东和辽宁两地金伯利岩中的金刚石是多成因的，其在金伯利岩中以捕房晶为主，应代表软流圈中的产物。郑建平等学者估算了辽宁复州 50 号岩管金刚石的结晶年龄，金刚石粒度大于 2mm 者为 2198Ma；1 ～ 2mm 者为 1 204 ～ 1 509Ma。这个资料至少表明复州金刚石结晶于岩浆侵位（462Ma）

之前，而且跨越较长时期。大部分金刚石是金伯利岩的捕虏晶，与国外研究结果是一致的；少部分金刚石是在金伯利岩浆上升的过程中形成的斑晶，应代表岩石圈中的产物。

金刚石的主要成因观点有"捕虏晶成因说"（幔源岩浆搬运说）和"幔源岩浆结晶说"。前者主张金刚石斑晶是金伯利岩浆的捕虏晶，经搬运至地壳上部（甚至地表）形成矿床，代表近代金刚石成因的新观点；后者主张金刚石斑晶是金伯利岩浆结晶沉淀出来的一个矿物相，代表金刚石属于正岩浆矿床的传统观点。

根据我国山东、辽宁金刚石结晶特点，黄蕴慧等学者将金刚石结晶过程自软流圈到接近地表分为 3 个阶段，并认为在不同阶段所结晶的金刚石晶体物理性质皆有差别。

由上述可见，在各个阶段，环境的改变都可能引起晶体变形、再生、溶解和石墨化等。形成金刚石的碳质来源，过去不少人认为是来自碳酸盐地层和围岩中的有机碳。近年来，随着人们对金刚石及其包体碳同位素的研究发现，生成金刚石的碳源来自金伯利岩本身的游离碳。根据判断，金刚石的碳源主要来自地幔。

三、矿床类型

金刚石矿床按其成因可以分为 3 类：内生矿床（原生矿床如岩浆矿床、金伯利岩型矿床和钾镁煌斑岩型矿床）、变质矿床和外生矿床（各种砂矿）。

（一）金伯利岩型金刚石矿床

1.含矿岩体的形态、产状和规模

具工业价值的含金刚石岩体以管（筒）状为主，约占 90%；少量岩体呈岩脉（墙），只有不多的国家开采此类岩体如中国。各种岩体都受断裂控制，与围岩界线清楚。岩管常呈带状展布，成群出现，如南非以金伯利城为中心，周围有 15 个金伯利岩管和一系列岩脉分布。

岩管在平面上多呈圆形，椭圆形和不规则等轴状、哑铃状、串珠状等；在剖面上多呈漏斗状和上大下小的柱状。岩管产状一般陡立，倾角多为 $70° \sim 90°$，有的岩管地表倾角较缓（$40° \sim 60°$），向下逐渐变陡。其水平截面面积随深度的增大而逐渐减小，往深处变窄过渡为岩脉。

一般认为，爆发型岩管分布在隐伏裂隙之上或位于隐伏裂隙的交叉处，人们可以看到岩管在深部位于隐伏岩脉的交叉点上，故认为岩管是岩脉在有利构

造部位的膨胀部分。岩管的形态、产状都明显受断裂和节理裂隙控制。

岩管不但形态各异，规模也相差很大。地表出露面积最大的岩管如坦桑尼亚的"姆瓦堆岩管"达 1 650m×1 150m，小的只有 15m×10m，一般直径为 50～300m。具工业价值的岩管规模往往较大。岩管向下延伸的深度各不相同，有的深达 23km，有的延深较浅，在几十米或几百米内即转变为脉状。我国现已发现的岩管，大者一般延深五六百米以上，小者一般延深几十米即变为脉体。

总之，岩管的产出与形态、产状、大小的变化主要受同期活动的断裂构造系控制。岩管主要产于断裂交汇的薄弱地带，尤其是压扭性断裂与张性断裂直交的部位更为有利，这些地带往往成为岩浆侵入和爆发的中心。

2. 金伯利岩管的机构、岩相特征

金伯利岩管是岩浆侵入喷发活动的产物。一个完整的未经剥蚀的金伯利岩管，从上而下可以划分出 3 个岩相。

（1）火山口相

它由火山锥和火山口湖组成，其中火山锥由凝灰质金伯利岩和熔岩组成。一般金伯利熔岩很少见，仅见于坦桑尼亚。火山口边部主要由金伯利集块岩、角砾岩及围岩碎屑组成，该火山沉积相金刚石含量贫或不稳定；向内为经过流水搬运的金伯利角砾岩和沉凝灰岩，该岩相含金刚石最富；火山口湖中心为含凝灰质的砂、页岩及砾岩互层，该岩相含金刚石最贫。这种保存较好的火山岩相带见于坦桑尼亚的姆瓦堆和南非博茨瓦纳的奥拉帕岩管。

（2）火山道相

火山口相向下急速收缩为漏斗状、产状陡的火山道，它主要由金伯利凝灰岩、金伯利角砾岩、球状金伯利岩及含围岩碎屑的金伯利岩等岩石组成。在火山通道的上部还分布着围岩岩块；火山道相内可见金伯利岩浆多次喷发和侵入的特点。该岩相中含金刚石最富，储量大，是开采金刚石最主要的对象。

（3）根部相

金伯利岩火山道向下逐渐变细，随着深度增加，其形态逐渐复杂，岩管膨大或缩小。根部相的下部一般为岩脉或交叉脉，形态受围岩节理或断裂系统控制。其明显的特征是含大量围岩碎屑。碎屑具有棱角状，彼此堆积紧密，未发生明显位移，系岩浆上侵时强烈破碎所致。碎屑岩带宽度及垂直延深都可达几十米。

根部相岩石主要为斑状金伯利岩，次为含围岩碎屑的金伯利岩。围岩捕虏体可发生强烈的蛇纹石化、透辉石化、碳酸盐化及热变质。根部岩体具有多次

侵入的复式岩体的特点，说明金伯利岩浆活动过程中，深部岩浆分异作用在不断进行。从含矿性角度来看岩管的根部相比火山道相含矿较贫一些，但也有重要开采价值。

我国山东、辽宁等地的金伯利岩都遭受了强烈的剥蚀作用，剥蚀深度达1 000～1 200m，岩管的火山口相及大部分火山道相都被剥蚀。在寻找金刚石矿床时，正确判别金伯利岩的岩相，将有利于评价岩管的工业价值。

3. 含矿岩体与其他岩浆岩的关系

金伯利岩周围常有其他一些基性或超基性岩、煌斑岩、碱性岩、碳酸盐岩等，它们多呈岩脉、岩床及火山熔岩产出。在空间上分布于金伯利岩发育地区的外围或金伯利岩的延伸带上，或金伯利岩的发育区内，有的甚至与金伯利岩相互穿切，如我国贵州、湖北等地金伯利岩和煌斑岩密切共生。金伯利岩的含矿性与其他岩体的关系尚不清楚，需进一步研究。

4. 金伯利岩的含矿性及金刚石在岩体中的分布

金伯利岩中的金刚石含量一般为 10^{-2}～10 克拉 $/m^3$，个别可达 10～20 克拉 $/m^3$，最富的矿石平均含量也不超过 0.000 04%。金刚石的分布极不均匀，同一岩体中品位可相差几十倍。不同的金伯利岩区，不仅金刚石含量有差别，质量也大不相同。

金刚石颗粒既可呈粗粒的斑晶，也可呈细粒的基质，一般后者自形程度较高。同一岩体产出的金刚石常是多世代形成的，早期的常有溶蚀现象，多呈粒度粗大的浑圆状斑晶，以曲面菱形十二面体为主，常包裹高镁低铁的橄榄石、富铬镁铝榴石、富铬低铝铬铁矿和铬透辉石等矿物；晚期金刚石颗粒较小，无溶蚀，多为自形的八面体，其中有的具金云母、磁铁矿、磷灰石、锆石和气液包体。不同世代的金刚石在形成时代、形成环境方面差别都很悬殊。

非洲有工业价值的金伯利岩集中分布在南非、扎伊尔、坦桑尼亚、塞拉利昂、利比里亚等地区，其他地区也发现不少金伯利岩，但一般不含或少含金刚石，属于3～4类地区。

我国山东蒙阴地区金刚石矿床品位为 0.0143～5.79 克拉 $/m^3$，品位变化大而且不均匀；颗粒轻重悬殊，从 10^{-3}～119 克拉，颗粒的平均重量为0.0004～0.0017 克拉/粒；岩管内金刚石粒度分布有上粗下细的变化趋势；完整度差，原生碎块较多，并与粒度大小成反相关关系；晶体中包体多，主要有石墨、橄榄石，其次为铬铁矿、镁铝榴石等；晶体表面蚀象有穴冲凹坑、鳞片状凸起、多边形凹坑。该区金伯利岩体一般都含金刚石，多数岩体含量较高，属含金刚石的二类地区，在该区发现有较富的原生矿床。

（二）钾镁煌斑岩型金刚石矿床

近年来，人们在西澳发现一种重要的金刚石矿床，即钾镁煌斑岩型金刚石矿床。其特点与金伯利岩型明显不同，是一种新的类型。

1. 地质构造背景

钾镁煌斑岩体多产于前寒武纪克拉通边缘活动带内或克拉通相毗邻的时代相对年轻的盆地中。岩体侵位较浅，最大深度为 1 600m。

2. 含矿岩体产状和规模

含金刚石钾镁煌斑岩常成群出现，其中所含金刚石差别较大，具有工业意义的岩体一般很少。含矿岩体常为管状，澳大利亚阿盖尔湖地区最大的岩管在地表的形态呈不规则带状，呈北北东 - 南南西向延展，似一岩墙，长轴约 1 600m，短轴为 200 ～ 600m，延深可达 1 600m，岩管产状陡，倾角为 $60° ～ 90°$。

3. 钾镁煌斑岩管机制

西澳阿盖尔中元古代钾镁煌斑岩 AK-1 岩管，从地表至深部由 3 个带组成，各带特点如下。

（1）火山口带

火山口带是岩管主体，为扁平状，主要由火山碎屑岩，碎屑钾镁煌斑岩及钾镁煌斑岩熔岩组成。有分带性，火山碎屑岩形成火山环及火山口边缘带，向内为钾镁煌斑碎屑岩及熔岩。熔岩具有不同的产状和不同的侵位时间。

（2）火山道带

火山口向下与细小的火山道相连，火山道为漏斗状，边缘平直，倾角在 80° 左右。钾镁煌斑岩岩管不及金伯利岩岩管发育。火山道由火山碎屑岩和岩浆型钾镁煌斑岩组成。其内常保留火山口相的碎屑岩残块、各种角砾岩及早期脉岩的残迹。火山道内也发育有晚期钾镁煌斑岩岩脉和岩床。

（3）火山道根部带

这一岩带受揭露深度限制，尚不完全清楚，初步查明火山道相之下为浅成相钾镁煌斑岩，其特点是发育各期脉岩，并相互穿插，关系复杂。

关于钾镁煌斑岩岩管的成因，一般推测是由深部上升的岩浆和围岩中的地下水作用产生的岩浆蒸气的爆发活动形成的。压力是控制岩浆结晶组分的主要因素。

4.工业意义

开展钾镁煌斑岩型金刚石矿床的评价工作至今，只有西澳阿盖尔地区的AK-1岩管和印度马加旺岩筒具有工业价值。AK-1岩管不仅规模大，而且品位高，是当今世界上新发现的最富的大型金刚石矿床类型。世界其他地区的钾镁煌斑岩均无工业价值，原因可能与研究程度不够有关。我国扬子克拉通内的贵州、湖南、湖北、川西已发现4个钾镁煌斑岩-超钾镁煌斑岩区，有的岩区的钾镁煌斑岩重砂中找到了金刚石，但尚未发现工业矿床。

（三）变质（岩）型微粒金刚石矿床

1980年在哈萨克斯坦北部科克切塔夫地块前寒武纪变质杂岩体中发现的微粒金刚石矿床，以库姆德利尔矿床为代表。它不同于上述两种矿床，是一种特殊的类型。

该矿床地块基底由古元古代变质沉积岩组成，矿床围岩为钙硅酸盐岩、石榴黑云片麻岩、黑云片麻岩、混合岩等，其中夹有石香肠状榴辉岩，这些岩石受变质作用属角闪岩相。变质岩层还遭受韧性-脆性剪切变形作用，内部出现一些变形带，并相伴发生蚀变作用，使复杂的变形构造带内产有退变质矿物（绿泥石、绢云母、白云母等）及石墨、硫化物等，这种蚀变的构造变形带常构成含金刚石的矿带。

金刚石矿体在含矿带内呈透镜状或似层状，规模和品位变化较大。石墨和硫化物高含量的蚀变岩是富含金刚石的标志。

金刚石的粒度范围为 $0.01 \sim 1mm$，以 $20 \sim 50 \mu m$ 的颗粒为主，颜色为黄绿色。晶体形态变化大，有立方体、八面体、骸晶（玫瑰花状）、球状晶体等。

产在层状变质岩内的微晶金刚石是不能用地幔捕虏晶学说解释的。这种新成因类型的发现，说明金刚石结晶的地质条件变化范围很宽，深入研究有可能为我们提出新的找矿方向。近来在蒙古乌兰巴托地区元古宙变质岩中人们也发现了变质成因的金刚石。因此，这类矿床的研究应引起地质人员充分的重视。

（四）金刚石砂矿床

金刚石的开采史是从金刚石砂矿开始的。在未发现原生矿之前，所有金刚石都来自砂矿。至今砂矿仍是金刚石的主要来源。我国也是首先从中南和华北等地的砂矿勘探开始的，至今仍在开采。

金刚石砂矿是原生矿床经外营力作用解体后，金刚石脱离母岩，在原地或经搬运，在适当的地质条件下堆积而成的。砂矿床中的金刚石有相当一部分是宝石级的，并且分布广、易采、易选、投资少见效快，往往在开采中可综合回收金、铂、锆石和锡石等资源。当今金刚石砂矿仍占世界总产量的 3/4 左右。

按形成时代可将金刚石砂矿划分为前第四纪砂矿（古砂矿）和第四纪砂矿两大类，后者分布广、工业意义最大。其成因有残积、坡积、河流冲积、滨海沉积、冰川冰水沉积、风力堆积等，几乎各种外营力都能形成砂床。但分布广、工业值较大的则是河流冲积砂矿、滨海砂矿和残坡积砂矿。加强这类矿床的研究和找矿工作十分重要。它们既是直接金刚石资源，又是寻找原生矿的重要线索。

四、金刚石勘探

金刚石原生床的勘探工作是在评价工作基础上，对矿体地质和技术经济条件进行进一步的研究，更正确地圈定矿体的形状、产状、规模、矿石（岩石）类型，计算矿床品位和储量，查明地质构造和矿区水文、工程地质情况，了解矿石选别性能和金刚石质量，为矿山开采设计提供足够资料。为了多快好省地完成勘探任务，地质人员必须根据普查找矿和评价工作中获得的所有地质和技术资料，还有这些资料所揭示的矿床特点，选择合理的勘探方法，做出切实可行的勘探设计，然后根据勘探设计进行工作。

（一）矿区地形地质图测制

矿区地形地质图是一切地质工作的基础。地质人员要在评价阶段填制的地质草图基础上，以相同比例尺地形图为底图，按正规填图要求进行填制。图的比例尺大小决定于勘探网的密度。一般选用勘探线在图上的间距为 3～5cm 相应的比例尺为宜。在填图过程中，要进一步详细观察记录与成矿有关的各种地质现象，特别是矿体形状、产状、大小、不同类型的矿石分布、构造和围岩与矿体的关系等，更深入地揭示成矿规律，指导勘探工作顺利进行。

（二）勘探手段选择

选择勘探手段必须因地制宜地合理选择。影响勘探手段选择的因素是多方面的，有地质的，有经济的，有勘探技术的，但起决定性作用的是矿体的地质因素，即矿体的形状、产状、大小、含矿均匀性及其变化等，对于金刚石原生矿床来说，其中选矿样品体积的大小，则是工程选择的最重要因素之一。

根据金刚石矿的特点，地质人员对金刚石矿进行勘探时，宜采用钻探和坑探相结合的方法，即地表按一定间距用剥土、10 米钻、100 米钻揭露，追索和圈定矿体；用探槽、浅井和组钻取选矿样并揭露矿体。深部用竖井、斜井、水平坑道和钻探揭露、追索和圈定矿体，采取样品。当合理样品体积较大时，宜采用大口径钻进（如磨盘钻）取样，如能满足合理采样体积的要求，则可以代替坑道取样，以节约坑道工作量。

（三）勘探工程的布置原则及网度

1. 勘探工程的布置原则

在勘探工作中，各项工程必须按一定的间距和网度系统地进行布置，并尽量使各种工程互相交错和联系，以便编制勘探线剖面图。一般长轴显著大于短轴的管状和脉状矿体用勘探线法，各项工程从上到下按一定间距布置在一条直线上，并在不同深度（按段高）揭露、追索矿体。

勘探工程与勘探线应尽量垂直矿体总走向布置，以较少的工作量达到最大限度揭露矿体的目的。使用钻探手段勘探时，钻孔落点和取样标高应限定在同一水平面上，以便圈定矿体和计算储量。布置揭露工程时要考虑采样工程需要，采样工程也要考虑最大限度揭露矿体。

2. 勘探网度的确定

确定勘探网度是勘探工作中十分重要的问题。网度密了不但拖延勘探时间，影响国家对矿产资源的开采利用，还会给国家造成浪费；网度稀了又满足不了矿山设计要求。因此，确定勘探网度时一定要认真总结过去的勘探经验，确定较合理的勘探网度。

矿床的勘探程度是依据矿床规模大小、复杂程度、矿山设计规模和国家对该矿床的需要情况确定的。对于金刚石原生矿床来说，矿体形态比较简单，不管矿床形状大小，其形态变化情况是基本相似的。决定金刚石原生矿床勘探程度的主要因素是矿床规模，即矿体大小和晶位高低。

矿床的勘探程度确定之后，决定勘探网度的主要因素就是勘探类型。而金刚石原生矿的勘探类型又主要取决于矿床规模，由于金刚石在所有原生矿床中的分布规律是相似的，故决定勘探网度的主要因素就是矿体大小。矿体规模越大，所用网度越疏。合理的勘探网度以基本满足各级储量所需条件为准。

五、金刚石资源的现状与展望

自两千多年前印度首次发现金刚石以来，世界上金刚石的普查勘探与开采、利用取得了重大发展。不仅在非洲，而且在俄罗斯、澳大利亚等地区人们也找到了规模巨大的金刚石矿床。20世纪80年代以后，世界金刚石产量逐年增加，扎伊尔产金刚石最多，其次为博茨瓦纳、俄罗斯、南非与澳大利亚。由于金刚石在工业的各个领域、尖端科学技术和人民日常生活中得到广泛应用，天然金刚石的产量远远不能满足需要，从 20 世纪 50 年代起，瑞典、美国、英国、爱尔兰、苏联、日本、南非、中国、法国、德国等许多国家加紧研制和生产人造金刚石。合成金刚石的产量虽然很大，但质量较差。所有宝石级金刚石都是天然的，工业级金刚石有 30% 是天然的，70% 是合成的。据估计，要提高人造金刚石的质量，不仅技术难度很大，经济上也不合算。因此，要得到高质量的金刚石，仍应继续加强天然金刚石的普查勘探与开发利用。

新中国成立以来，国家极为重视寻找金刚石的地质工作。曾先后在湖南、山东、辽宁、江苏、吉林、新疆等省进行了金刚石矿的普查找矿和勘探，取得了重大进展。在华北克拉通内发现了山东成矿区和辽宁成矿区，找到了原生矿床及砂矿。其次，在扬子克拉通（贵州、湖北两省）发现了钾镁煌斑岩，其中一部分含金刚石，为进一步找矿提供了重要线索。塔里木克拉通，有发现金刚石的记载，说明我国具有广阔的金刚石开发前景。目前，我国金刚石的人均占有量只有 0.3 克拉 / 人，是世界人均占有量的 1/20，资源严重不足，需用量的 95% 依靠进口。因此，只有加大找矿力度和成矿规律研究才能提高天然金刚石自给程度，同时提高人工合成金刚石产量，这样才可能摆脱靠外国进口的局面。

在寻找原生矿床时，人们首先应注意金伯利岩和钾镁煌斑岩的时空分布规律。在空间上，具有工业意义的金伯利岩矿床主要分布于太古宙（个别为元古宙）结晶基底组成的克拉通或地块区。在成矿有利的构造环境内，含矿岩体往往受深断裂或其两侧次一级扭性与压扭性断裂，或断裂构造复合交接部位控制，岩体成群、成带出现。钾镁煌斑岩型金刚石矿床主要产于克拉通边缘的元古代活动带内。控矿的深大断裂在地壳演化过程中常多期活动，使幔源偏碱性的超基性岩浆侵入或爆发，并携带有深部结晶的金刚石。岩浆运移过程中，金刚石也可从高度浓集的含 CO_2、CH_4 及其他烃类的流体中结晶出来。时间上，据统计世界上有重要工业意义的金刚石原生矿床成矿期有前寒武纪成矿期，如古元古代、新元古代等；中上古生代成矿期，如奥陶纪、泥盆纪 - 石炭纪；中上中生代成矿期，如侏罗纪、白垩纪；新生代虽有金伯利岩，但尚未发现具工业价值的矿床。

第三节 石 棉

一、概述

（一）工业矿物、技术特性及用途

石棉在我国自古就被人们所利用，被称为"石绒"或"石麻"，以石棉组成的布被称为"火浣布"。现代，石棉被作为一个工业技术上的名词，凡是可以剥分成纤维状并具有一定耐火性和绝缘性能的硅酸盐矿物都可称为石棉。纤维蛇纹石石棉（温石棉）分布较广，产量最大，占世界石棉产量的94%；角闪石石棉次之；而水镁石石棉最少。蛇纹石石棉是被广泛应用的工业矿物，属单斜晶系。在电子显微镜下，石棉纤维显示为空心管状形态，纤维管的内径为6～10mm，外径一般为20～30mm，部分为20～50mm，各个纤维之间平行排列的程度极高。纤蛇纹石石棉纤维长度不大，一般只有几毫米，超过20mm的很少见，但纤维分裂性很高，可以分裂至直径1pm以下的细纤维。

1.蛇纹石石棉的优良技术特性

（1）纤维软和抗张强度较高

纤维软和抗张强度较高是石棉纤维为工业利用的重要技术特性。一般质量较好的石棉，其断面面积为1mm^{2}的石棉纤维的抗张强度在300kg以上，而相同断面的有机纤维为40～80kg。由于它抗张强度高，使其具有很好的纺织性能。

（2）高耐热性

石棉具有很高的耐热性，加热到500℃以后时，结构水明显逸出，直到700℃～800℃，结构水全部逸出，石棉的结构被破坏并崩解。我国蛇纹石石棉最高使用温度为500℃。

（3）绝缘

石棉具较低的导热性、导电性和传声性，蛇纹石石棉是十分理想的电绝缘材料。

（4）抗碱性

蛇纹石石棉抗碱性强，抗酸性低。

由于蛇纹石石棉具有这些优良的技术特性，所以在工业上应用相当广泛，遍及二十多个工业部门，产品有三千多种，其中较为重要的是用于建筑、机械、交通、电力、化工、冶金、航天及国防工业等部门。

2. 石棉的工业用途

（1）水泥制品

石棉水泥制品是石棉的主要消费领域，在世界上占总需求量的 70%，主要产品有石棉水泥板、泥瓦、石棉水泥管等。

（2）制动、传动制品

石棉制动、传动制品主要利用中、长纤维石棉与塑料、树脂、橡胶等混合热压成型。

（3）密封制品

石棉密封制品是良好的石油管道保护材料。

（4）隔热保温制品

石棉也主要制成各种隔热保温产品，如石棉布、石棉板、石棉纸、石棉砖等。

（5）其他制品

其他制品，如绝缘布、绝缘纸、电介布、塑料、涂料等。

蓝石棉是呈蓝色、浅蓝色、青灰色的偏碱性或碱性角闪石的变种。一般常见的蓝石棉为纤铁闪石、镁钠铁闪石和钠闪石石棉。它们的纤维分裂性和纤维的柔软性仅次于纤蛇纹石，而纤维长度一般能达到 20cm，比蛇纹石石棉长得多，纤维的抗张强度可与蛇纹石石棉相比。蓝石棉具有较高的抗酸性和抗碱性，也不受海水侵蚀，在这方面比蛇纹石石棉好得多，但它的耐热性差，在 200℃～500℃就开始失去结构水。蓝石棉另一重要特点是具有优良吸附性能。

蓝石棉的这些技术特点使其在国防和尖端技术领域有些特殊的用途，如利用蓝石棉生产的增强塑料，强度高，重量轻，隔热抗腐蚀，多方面性能稳定并且不受气候影响，被用于火箭、导弹上。蓝石棉与树脂制成的复合材料广泛使用在机械工业、飞机、大型雷达的折射望远镜、导弹和空间飞行器上。但是，作为上述用途的蓝石棉的消费量很小，大部分（90%）蓝石棉被用来生产蓝石棉水泥制品，如蓝石棉高压水泥管，可以代替钢管和铸铁管来输送强腐蚀性溶液和有毒气体。

其他角闪石石棉，一般技术特性较差，纤维虽长（50mm 或更长），但粗而脆，不易分裂，因此不适用制作纺织品。透闪石石棉一般不能使用，但我国安徽的透闪石石棉具有蛇纹石石棉与蓝石棉的物理、化学、技术特点，也具有工业意义。近年来，国内已研究利用透闪石作为陶瓷原料，用透闪石烧制的釉面砖的白度和硅灰石烧制的釉面砖相当，但烧陶的温度降低，原料的成本也较低，可节约能源，提高经济效益。此外，其还能生产彩釉砖，这些都说明透闪石的应用前景广阔。

纤维水镁石是含镁最高的矿物可达 69.12%，集合体呈纤维状、块状、球状。其为白色，自然白度较高，因含杂质也可呈灰白、浅绿、浅紫等色。水镁石含有结构水，煅烧时较菱镁矿解离温度低，为 400℃～500℃，具有良好的耐热性、阻燃性，可抵抗明火、高温火焰。水镁石用途广泛，具有良好的开发前景。

（二）矿石工业要求

石棉纤维矿石品位为边界含棉率镁质碳酸盐型矿床 ≥ 0.5%；镁质超基性岩型矿床 ≥ 0.6%；工业含棉率镁质碳酸盐型矿床 ≥ 1.4%；镁质超基性岩型矿床 ≥ 1.5%，其中各品级或品级组合都有具体要求。水镁石石棉和蓝石棉的一般工业要求可参考国家有关石棉公司采用的指标。

二、矿床形成条件

（一）地质构造背景

超基性岩中的矿床形成于板块缝合带内的蛇绿岩套中，如我国西北阿尔金山蛇绿岩带内，超基性岩体位于阿尔金山早古生代板块缝合带附近，形成于加里东期，呈南西 - 北东向展布，在断续长约 1 000km 内分布有大小超基性岩体 200 多个，构成了中国最大的蛇纹石石棉成矿带。新疆且末县阿帕大型矿床、青海芒崖大型矿床、甘肃安南坝中型矿床均分布于本带内。含矿岩体主要为斜辉橄榄岩、斜辉辉橄岩，少数为二辉辉橄岩，岩体全部经受蛇纹石化和滑石菱镁矿化，属强蛇纹石化镁铁质超基性岩。此外，南天山蛇绿岩带、祁连山蛇绿岩带、南秦岭勉略宁蛇绿岩带等也都分布有超基性岩型的蛇纹石石棉矿床。在克拉通边缘由于深断裂构造活动而伴有超基性岩浆侵入，其中也可形成纤蛇纹石石棉矿床，如四川石棉县石棉矿床产于扬子克拉通西缘的超基性岩体中。山东日照的石棉矿床也产于克拉通内部的深断裂带超基性岩体中。

白云岩型的石棉矿床主要分布于克拉通内部的坳陷带或裂陷槽内的富硅镁质碳酸盐岩中，矿床附近常有晚期的花岗岩或者基性岩脉或岩床侵入，推测它们对石棉生成都有重要影响。

（二）控矿构造

含棉超基性岩体受深大断裂带控制，成带、成群出露。但岩带内不是任一岩体都能成矿，而是那些定位后受构造叠加改造强烈的岩体内才有可能成矿。

有关的石棉矿床明显受岩体内断裂带控制，矿床形成于剪切带发育的区间内或由多条压性与压扭性断裂组成的断裂带，或者强烈的片理化带内，这些构造带是大气降水下渗加热，并循环返回至岩体的重要通道，其多期活动，有利于流体对围岩的交代作用，有利于成棉组分富集和纯化，从而形成石棉矿床。在这种有利成矿的构造带内，更次级的构造裂隙的性质、发育程度，对于矿床规模、石棉脉的类型又有较大影响。横纤维棉脉常发育在以张性为主的构造裂隙中，纵纤维棉脉则发育于剪切裂隙中。

三、矿床类型

（一）超基性岩中的蛇纹石石棉矿床

该矿床主要产于蛇绿岩中的橄榄岩类，如辉橄榄岩、辉橄岩、二辉辉橄岩等所蚀变成的蛇纹岩体内。含矿岩体明显受构造控制，又为后阶段的断裂构造所切割。石棉矿体沿岩体内的断裂带分布，呈层状、透镜状、脉状、囊状等类型，大小厚度变化皆大；矿体内经常包有各种形状的蛇纹岩或蛇纹石化的橄榄岩类岩石。石棉矿体由各种蛇纹石石棉脉组成，可分为单式石棉脉、复式、网状、细脉型、带状石棉脉等类型。脉中纤维可以是横纤维、纵纤维及斜纤维，横纤维石棉长度由几毫米到几十毫米，甚至 20 厘米，纵、斜纤维一般较长。石棉脉比较平直，与围岩接触关系清楚，受蛇纹岩的裂隙控制。这类矿床规模巨大，是石棉矿床重要类型。

我国四川省石棉县石棉矿床就属这一类型，其位于扬子地台西缘，由于南垭河断裂的错断分为南北两部，二者相距 8 千米。北部为四川石棉矿（北矿），南部为新康石棉矿（南矿）。人们一般认为矿床的形成与多期蛇纹石化有关，由岩浆热液到循环地下水作用，蛇纹石进一步石棉化，CO_2 分压可能对水镁石是否出现有较大影响。

（二）超基性岩中的纤维水镁矿床

陕南黑木林水镁石矿床是我国，也是世界上唯一的具有工业价值的纤维水镁石矿床，是水镁石矿床中一种新的成因类型。它不属于石棉，却是温石棉理想的天然代用品。

矿床分布于南秦岭加里东到海西褶皱带南缘的摩天岭蛇绿岩带内。岩带主要由震旦纪的细碧 - 角斑火山岩系及加里东期的超基性岩和基性岩体组成。此外，还有印支 - 燕山期的闪长岩、花岗岩及一些岩脉。含矿岩体已蚀变为蛇纹岩，其原岩多为辉石橄榄岩，少数为橄榄岩和纯橄岩。

矿床赋存于黑木林的致密块状蛇纹岩中，矿体产状与岩体一致，总长2 400m，厚200m。石棉位于矿体中上部，水镁石位于中下部，二者之间存在过渡带。

蛇纹石石棉矿石多为细网状脉、平行细脉和星散状脉，各种脉主要为横纤维，纤维长以0.5～25mm为主。纤维水镁石矿石多以粗网状脉或单式脉、复式脉为主，脉宽1～30mm，脉距3～5cm。纤维与脉壁平行以纵纤维为主，纤维长5～20mm，宽20～50cm也常见，最长达180cm以上。该地区纤维水镁石纤维长度大，具有良好的辟分性、高分散性、中等耐热性、中等机械强度和良好的绝缘性，是一种优良的增强、补强材料，目前主要用于制作轻质保温材料、水泥制品、石棉的代用品、阻燃剂等。

矿床内纤维水镁石储量丰富，已达大型规模，其制品销售国内外并很受欢迎。另外，与之共生的有蛇纹石石棉，还有巨量的蛇纹石，其中还含有镍。因此，矿床中水镁石、蛇纹石石棉与蛇纹石可综合开发利用的前景很大，矿床有极大的工业价值。

（三）镁质碳酸盐岩石中的纤蛇纹石石棉矿床

这类矿床产于富硅（燧石）白云岩或白云质灰岩中，矿床附近常有较晚期的酸性侵入岩，或者出现有基性岩床、岩脉。接触带附近围岩广泛蛇纹石化，沿岩层层面或构造裂隙更为明显并蚀变为蛇纹岩。在蛇纹岩中发育有各种类型的石棉脉，构成了石棉脉带。石棉脉带延伸达百米，脉带间距几米或几十米。脉中石棉为蛇纹石石棉，并呈横纤维，纤维长度一般为几毫米，几厘米者也可出现。与石棉共生的除蛇纹石外，常见有方解石，有时还残留有透辉石、镁橄榄石等。矿石中石棉洁白或淡金黄色，含铁量低，质量较好，但含棉量一般较低，矿床规模不大。在我国该型矿床分布较广，有一定的工业意义。

由于矿床附近总是有岩浆岩活动，矿床的形成和岩浆热液有关，这已被大家所公认。石棉的形成首先是围岩的蛇纹石化，形成蛇纹岩，蛇纹岩进一步受热液作用发展成为蛇纹石石棉。

我国河北省涞源石棉矿床就属于这类型的典型矿床。矿区内出露的地层为新元古代蓟县群雾迷山组含燧石白云岩层，燕山晚期的中粒石英二长岩侵入在其中，在接触带附近形成宽300～1 000m的蚀变带。蛇纹石化白云大理岩中燧石结核与条带，被蚀变成蛇纹岩。蛇纹岩带宽达850m，石棉矿床即赋存于其中。矿体呈透镜状或似层状，产状与围岩一致，并严格受一定层位控制。石棉质地优良，具有很好的绝缘、隔热、耐温和防碱性能。矿床规模属大型石棉矿床。

关于矿床的成因，人们一般认为，围岩受岩浆侵入后，在围岩中流经的热水溶液促使 Si、Mg 组分发生作用，在构造有利部位发生广泛而强烈的蛇纹石化，形成蛇纹石石棉矿床。

（四）变质基性火山岩及铁质岩石中的蓝石棉矿床

该类型矿床多数矿床分布于地槽褶皱带内，位于两个板块构造的缝合带附近的蛇绿岩上部层位的细碧岩和角斑岩中，明显受构造裂隙控制。矿体呈层状或透镜状，其中可由各种棉脉组成。我国学者袁健伟将河南蓝石棉（镁钠闪石）矿床划分为以下 3 种类型。

1. 缓倾斜裂隙型蓝石棉

矿床产于块状细碧岩中，沿其缓倾斜裂隙分布，蓝石棉细脉倾角一般为 5°～20°，脉长一米至几十米，宽 5～15mm，最宽达 240mm。石棉脉常呈雁行排列，在垂直方向上形成相对密集的细脉带，细脉间距几十厘米至几米。矿体含棉率较低，但蓝石棉质量较佳，有的纤维可达几十厘米长。

2. 蚀变破碎带型蓝石棉

其矿床产于强烈蚀变的细碧岩破碎带内，细碧岩钠长石化、硅化和碳酸盐化普遍。矿体长几十米至几百米，厚 3～5m，在张性裂隙的膨大部位形成矿囊，在两组裂隙发育处形成网状细脉，矿体的含矿率高，但矿化不均匀，因强烈热液活动而伴生有石英、方解石、镜铁矿及土状镁钠闪石，选矿困难。

3. 片理裂隙型蓝石棉

它的矿床产于角斑岩片理和裂隙中。蓝石棉细脉长 0.3～1.5m，宽 1～15mm，局部膨大呈囊状，在裂隙交汇处可形成网状细脉或囊状矿化。这类矿床矿化不均匀，矿体界限不清，但可形成长几百米，厚几米的工业矿体。

上述几种类型矿床，蓝石棉呈横纤维或纵纤维皆有，脉中共生矿物有镁钠闪石、镜铁矿、方解石、钠长石、重晶石、石英、玉髓、虎睛石、绿泥石等。矿床规模可大可小，但棉质优良，并可综合开采虎睛石，因此是我国重要的蓝石棉矿床类型。在陕东南、豫西南、鄂西北的东秦岭元古代细碧角斑岩中可构成蓝石棉成矿带。

（五）镁质碳酸盐岩石中的透闪石石棉矿床

该类型矿床以安徽省宁国县（今宁国市）透闪石石棉矿为代表，它是我国唯一的透闪石石棉的矿山。

含矿岩系由下寒武统荷塘组下部的碳质板岩夹泥灰质白云岩组成，其中白云岩呈透镜状，具透闪石化，沿走向尖灭并逐渐过渡为含钙泥质板岩。透闪石石棉矿床与白云岩有密切的空间关系，具有明显层控特点。

泥灰质白云岩为一系列大小、厚薄、间距不等的透镜体，长轴为 0.5 ～ 40m，厚 0.2 ～ 1.2m，棉带产于透镜体的顶底板围岩中，沿层分布，较稳定，一般白云岩透镜体透闪岩化越完全，透镜体越大，棉带越厚，含棉率越高，高级棉所占比例越大。本矿床所产为柔性透闪石石棉，纤维长度可达 60mm，高级纤维所占比例较大。因其物化性能接近蓝石棉，因而是用于制造高级耐酸、耐碱、耐热制品的质优价廉的理想原料，在石棉制品工业中已可部分取代蓝石棉。

四、石棉勘探

（一）勘探类型划分

我国石棉矿床较多，各个矿床形成的地质条件、形态、规模等也各有其特点，因而影响勘探工作和探矿工程间距的因素也不完全一致，以下的分类是在已划分的矿床类型的基础上进行的，首先划分为超基性岩型与碳酸盐岩型两大类，继又按影响勘探工作的主要地质因素如矿床规模、矿体形态，晶位变化程度、矿化连续性等，再于两大类中又各划分出三种类型。

1. 超基性岩型

超基性岩型又可分为以下三类。

第一种勘探类型：矿体规模巨大，矿体长数百到数千米，厚数十到数百米，矿体形状简单，多为厚层状及巨大的透镜状，矿化连续性好，品位变化较均匀。

第二种勘探类型：矿体规模大或较大，矿体长一般数百米；矿体形状比较复杂，多为大的透镜状及不规则的条带状，矿化连续性差，品位变化不均匀。

第三种勘探类型：矿体规模小到中等，矿体长数十到数百米，矿体形状复杂，一般多为透镜状、楔状、不规则条带状，矿体中非矿夹石较多，矿体分枝现象严重，晶位变化不均匀。

2. 碳酸盐岩型

碳酸盐岩型同样可分为三类。

第一种勘探类型：矿体规模大，矿体长由数百到数千米，厚度由数米到十余米，形状简单，多为层状或似层状，矿化连续性好，厚度稳定，品位变化均匀。

第二种勘探类型：矿体规模大或较大，矿体长数百米，形状简单，呈似层状或规则脉状，厚度变化小，矿化连续性较差，品位变化均匀。

第三种勘探类型：矿体规模小，矿体长数十米至数百米，矿体形状简单，呈层状、似层状、规则脉状，条带状、规则的透镜状，厚度变化小，矿化连续性差，品位变化不均匀。

（二）探矿工程间距确定

选择探矿工程间距既要考虑其评价正确性，又要考虑经济上合理性，太稀则不能正确的了解矿床. 太密则经济上不合理。因此，在勘探工作中，地质人员必须本着多、快、好、省的原则，从矿床实际情况出发，在勘探工作开始就必须对矿床地质特征进行详细而认真地研究，以便选择合理的探矿工程间距。

探矿工程间距的确定：一般先采用类比的方法，根据本矿床（或矿段）的主要地质特征和前述的勘探类型相比，以确定其属于哪个勘探类型，然后再选用与该类型相适应的工程间距，进行试验工作。此时还要用不同的工程间距进行矿量验算与对比，以此来确定适合本矿床地质特征的探矿工程间距。在同一矿床的不同矿段影响矿床勘探的因素也不尽相似，因而在不同矿段可以选择不同的工程间距。以此求得正确合理的工程间距。

（三）我国主要石棉矿床的勘探方法

1.青海石棉矿

该矿床为一超基性岩型横纤维蛇纹石石棉矿床。矿体呈似层状单斜层，矿床规模巨大，矿体长数千米，宽数百米，延深达数百米以上。矿体分布严格受断裂构造控制，边界规则清晰，成矿后构造和脉岩对矿体破坏不大，矿体沿走向及倾向变化稳定，但局部有滑石片岩、滑石化蛇纹岩、碳酸盐化蛇纹岩夹层，破坏了矿体完整性，造成矿体分枝现象。基于上述矿床主要特征，地质勘探工作按简单类型进行勘探，勘探手段以钻探为主。

2.四川石棉矿

该矿床亦为一超基性岩型纵纤维蛇纹石石棉矿床。含棉蛇纹岩体长达数千米，石棉脉多沿构造裂隙带富集，呈带状分布。单个矿体呈楔形、似层状、透镜状。矿体长数百米至数千米，矿体厚由十余米至数百米，一般为数百米。由于非矿夹层和各种小型侵入体的影响，矿体延走向及倾向有较明显的分枝现象。

棉脉类型以纵纤维稀网状脉和密网状脉为主，矿化连续性差，含矿性中等，品位变化均匀，矿体厚度变化性中等。基于上述矿床主要地质特征，地质勘探工作按简单类型布置工程。鉴于棉脉类型为纵纤维网状脉，加之矿区地形陡峻、矿层（体）倾角陡等情况，以硐探为主要勘探手段。

3.陕西石棉矿

陕西石棉矿床亦为一超基性岩型蛇纹石石棉矿床。石棉矿体呈巨大的透镜状、扁豆状及不规则条带状，矿体长数百至数千米，厚数十米至百余米或数百米，矿体延深在数百米。矿石可分为蛇纹石石棉和水镁石石棉两种，一般上部为蛇纹石石棉带，中部为蛇纹石石棉和水镁石石棉混合带，下部为水镁石石棉带。棉脉类型以横纤维网状脉为主，部分为纵纤维网状脉。矿体厚度变化大，矿化连续性差，品位变化较均匀。基于上述矿体主要地质特征，地质勘探工作按较简单类型布置工程。以坑、钻配合为主要勘探手段。

五、石棉资源的现状及展望

目前，世界上的石棉生产国有30多个，年产量较多的是俄罗斯、加拿大、南非、津巴布韦、意大利、中国、巴西和美国。其中俄罗斯、加拿大、南非3国占世界总产量的76%左右。多年来，由于石棉尘害受到社会普遍注意，有的国家还掀起了禁用石棉的浪潮。直至1987年，在加拿大蒙特利尔召开的国际石棉协会第六次年会上，各国列举综合考察结果表明，石棉危害完全可以控制，它能安全使用。在该会议上最后指出"石棉仍然是天赋的矿物纤维，必将为人类服务"。据统计，目前世界上石棉制品的品种已达3 000种，在各类制品中石棉的消耗量以石棉协水泥制品为最多，按顺序为铺路材料、石棉纸、摩擦材料、石棉纺织品、涂料、充填密封材料、石棉橡胶和石棉塑料制品。

我国石棉资源丰富，已探明储量居世界前列。其中，与超基性岩有关的纤蛇纹石石棉占储量的9/10，主要分布在新疆、甘肃、青海、陕西、四川和云南6省区。这些地区多与我国新元古代、古生代的蛇绿岩带的分布基本一致，说明了两者之间在成因上的联系。与成矿有关的超基性岩的形成时代一般在华力西期或其以前。超基性岩铁镁比值较高，一般大于9，属镁质超基性岩。值得注意的是，陕南石棉矿床中除产有纤维水镁石矿床外，还产有粒状、块状水镁石，因此在超基性岩型温石棉矿床中应注意水镁石、蛇纹岩的综合利用。

另外，山东、河北、山西、内蒙古、辽宁、吉林等省区分布有产于古新元古代的镁质碳酸盐岩中的纤纹石石棉矿床，其一般具有层控性质，矿床质量较好。近年来，我国在安徽发现了优质的透闪石石棉矿床，为在安徽长江以南地区下寒武统中寻找该类型石棉矿床提供了重要的线索，因此透闪石石棉是一个很有开发前景的矿产资源。

由于石棉具有很多优异性质，因此我国石棉工业还应积极发展。日本和东南亚地区石棉矿产资源贫乏，市场潜力很大，因此我国不仅要建设巩固的生产基地，同时应对外扩大开放，招商引资。

第四节　云　母

一、概述

云母是云母族矿物的总称，主要包括白云母、黑云母、金云母、锂云母等。属于一类含水的具层状结构的铝硅酸盐矿物。工业上主要利用白云母和金云母。云母具有良好的剥分性，呈现出强的珍珠光泽，强韧性，白云母及浅色金云母具有很高的绝缘性、耐热性、强的抗酸及抗碱性，它被广泛用于电气电子工业做绝缘材料，塑料橡胶的增强材料，油漆的填料等。绢云母是白云母呈致密微晶集合体的亚种，是一种新兴的工业矿物，主要用作涂料、塑料、橡胶、造纸、化妆品等的优质填料，还用于建筑、钻井、电焊条等众多领域。矿石类型及矿石的矿物组成如下。

（一）白云母伟晶岩矿石

矿石的主要矿物为微斜长石、长石、石英和白云母等，次要矿物为黑云母、铁铝榴石、电气石、磷灰石、绿柱石和钛铁矿等。

（二）金云母矿石

金云母矿石主要矿物为金云母、透闪石、透辉石、方解石、碳酸盐岩和微斜长石、磷灰石等矿物。

（三）碎细白云母

碎细白云母中白云母一般占 50% ～ 70%，钾长石及石英占 10% 左右，微量矿物为磁铁矿和褐铁矿。

（四）绢云母

绢云母主要产于绢英岩、绢英片岩、绢云千枚岩中，主要矿物成分为绢云母，含量为 60% ～ 90%，还含有石英、长石、高岭石及少量铁的氧化物矿物，主要由酸性火成岩经热液蚀变作用生成。

绢云母结构层常为无序堆积，故在横面上难以连成大片。云母晶体常呈假六方板状、片状、鳞片状，薄片透明，沿解理面可以剥成极薄的薄片，解理面呈珍珠光泽，具有弹性，薄片有弹性，可挠曲。

二、物理化学性质及工艺性能

（一）白云母及金云母的一般性质

1. 力学性质

白云母独特的晶体结构使其具有一组极完全的底面解理，解理片具有弹性。理论上，白云母能剥分至 1.0mm，金云母能剥分至 0.5 ～ 1.0mm，即一个结构单元层的厚度。白云母的柔韧性和抗拉、抗剪强度较好，具优良的机械性能。白云母莫氏硬度为 2 ～ 2.5，金云母为 2.78 ～ 2.85，云母的硬度越大，越难剥分。白云母、镁硅白云母的剥分性能较好，金云母略差。

2. 电气绝缘性能

白云母的电绝缘强度高，将云母片放在两个电极中间，逐渐升高电压直至击穿，云母被击穿时的电压值叫云母的击穿电压，云母厚度越大，击穿电压越高，击穿电压与厚度之比为云母的绝缘强度；白云母的绝缘强度为 159 ～ 317kV/mm；金云母的电绝缘强度为 125 ～ 281kV/mm。绝缘强度与云母层中的 Fe 质斑点多少有关。云母的绝缘性能以浅色白云母为好，金云母次之，黑云母的绝缘性能最差。

3. 热学性能

白云母加热至 500℃～ 600℃时膨胀很小，膨胀的原因主要是云母中一些物质以水蒸气的形式排出，使层撑开。金云母在 700℃左右时，电气性能比白云母好，熔点为 1 270℃～ 1 290℃；浅色金云母 800℃～ 1 000℃下不改变其性质，熔点为 1 270℃～ 1 330℃。

4. 化学性能

碱对白云母几乎不起作用，白云母也不溶于热酸中，白云母的化学稳定性高于金云母和黑云母，金云母和黑云母能与碱、盐酸起作用。

（二）绢云母的一般性质

1. 物理性能

绢云母密度为 $2.78 \sim 2.88g/cm^3$，摩氏硬度为 $2 \sim 2.5$，弹性模量为 $1\,505 \sim 2\,134MPa$，拉伸强度为 $170 \sim 360MPa$，剪切强度为 $215 \sim 302MPa$。

2. 化学性质

绢云母为硅酸盐矿物，化学性能稳定，酸、碱难于与其作用，因此能耐酸、碱腐蚀。

3. 耐热性

绢云母在 550℃高温下不改变性能，热膨胀系数小，耐热性能好，其熔点在 1 260℃以上。

三、云母的用途及要求

（一）主要用途

我国有悠久的开发和使用云母的历史，据文献记载，远在 1 000 多年前的唐代我国古人就已用云母（透明性）做屏风、窗户。唐代诗人李商隐在《嫦娥》的诗中写道："云母屏风烛影深，长河渐落晓星沉。嫦娥应悔偷灵药，碧海青天夜夜心。"诗中就有古人用云母做屏风的记载。碎块云母加工成云母粉后，可用于生产云母纸、云母陶瓷、云母熔融制品、云母珠光颜料等有机或无机复合材料；也用于建筑材料、塑料、橡胶、造纸、石油钻井泥浆材料、化妆品填料；《本草纲目》中记载白云母入药时有明目、止痢、平喘、补肾、止血等功效，是一种药用矿物。

（二）质量要求

1. 工业原料云母的分类

工业原料云母根据有效片径大小分为大片云母、碎片云母、鳞片云母等。大片云母又据有效面积和厚度分为厚片云母、片云母、剥分云母。

工业原料云母按斑点（Fe_2O_3，Fe_3O_4）所占有效面积的比例分为甲、乙两级。甲级云母斑点占有效面积比例不大于 25%；乙级云母斑点占有效面积大于25%。

质量要求：有效面积内不允许有裂缝、穿孔、沙眼、黏结（不易剥离）、连生物重皱纹、羽毛状埂子层、影响弹性的严重风化现象、水锈云母、晶体内易于脱落的云母碎块、非云母矿物或黑云母覆盖层等。

2. 厚片云母的分级和型号

厚片云母根据外观质量和用途可分为四级。

特级：珍珠光泽、透明、平整、无任何斑点，做剥制电容器薄片云母原料。

甲级：质地坚硬、光滑透明，允许有轻微的波纹，斑点面积小于 5%，做剥制电容器薄片云母原料。

乙级：两面光滑，允许有波纹和轻微皱纹，斑点面积小于 35%，做电机绝缘薄片。

丙级：两面光滑，允许有波纹和轻微皱纹，斑点面积不限，做电器绝缘用云母片。

3. 大片云母的加工

以大片云母为原料，据电气性能的要求或用途，经手工剥离成所需的厚度，再用机械加工成各种规格的成品片云母零件可直接用于电气工业上做绝缘材料。

四、云母勘探

随着地质资料积累和钻探技术日益完善，地质人员对每个矿床类型和同一矿床的不同伟晶岩脉类型拟定了普查隐伏矿脉的方法。普查的地段是根据矿床的地质构造特点而选定的，在这种情况下，起主导作用的有以下因素：地表上存在含云母脉伟晶岩带或矿囊；在假定的深部钻探范围内分布有工业意义的斜长片麻岩。普查的深度取决于有利开采的深度。隐伏矿脉普查工作可以分为两个阶段：第一阶段，在矿床的整个面积上按稀疏的网度进行普查，普查深度不超过 2 到 3 个开采层段；第二阶段，在最远景的地段进行工作，一直到斜长片麻岩的最大产出深度，如果这类岩石产出太深，那么就到经济上有利的开采。

根据与构造单元的关系，科拉半岛矿床上的含云母伟晶岩体分为两类：整合的伟晶岩体（与具有剥离特点的岩石弯曲时产生的裂隙有关）和交切的伟晶岩体（与叠加在褶皱构造上的裂开和断口裂隙有关）。普查工作第一阶段的任务是查明含云母伟晶岩脉的矿囊。根据脉状矿的规模，在垂直矿脉走向上布置钻探剖面，间距为 300m。应当将钻探剖面布置在地表出露最有远景的脉状矿囊的地段，为了控制矿体，有一个剖面可以布置在不具备此类矿囊的无矿脉地段。剖面上的钻孔间距是根据能否取得完整地质剖面来确定的，也就是说，后一个钻孔的孔底投影要与前一个钻孔口重叠在钻孔深度不大于 125m 时，其间距为 43m 这个网度可确保查明沿倾向长达 60m，落在剖面上的所有脉状矿体在布置深度大于 200m 的普查钻孔时就不能采用这种方法，因为利用这种方法会漏掉沿倾向小于 100m 的隐伏矿脉。结合已知的矿脉参数，地质人员可以进一步确定剖面上诸钻孔的间距。这种方法对勘探开采层段上盲矿脉的普查和勘探来说是较为经济的，而且效果也好。

虽然伟晶岩带沿着褶皱的整个上悬翼均匀分布，但是含云母伟晶岩主要产于构造地段内，岩脉中最富含云母的地段是围岩为片麻岩的地段。在构造地块范围以外，云母化急剧降低。地质人员应该在有利于开采的深度以内和在构造块段范围内沿走向追索伟晶岩带，查明深部层段上的含矿系数，以便与上部层段上根据地下坑道所获得的含矿系数进行对比。要完成这些任务，应该在每个伟晶岩带上打 2～4 个多孔底钻孔，钻孔要沿岩脉带走向布置，垂直岩带走向进行钻进。在选择主孔和补充孔的间距时，应该按照矿脉沿倾向和走向的平均长度及技术上能否用偏斜器来打补充钻孔。在矿脉的平均长度沿倾向为 100m，沿走向 60～70m 时，主孔的间距为 120～150m 为了沿走向穿切每条矿脉，由主孔打两个方位向南和向北偏斜的补充钻孔。使用这种方法时，只要在剖面最后的层段上保持 50～70m 的钻孔间距，岩带上部层段要由勘探钻孔来查明，这些勘探孔将打到己由地下坑道所探明的含云母脉之下对岩脉带沿倾向的联结性采用若干补充钻孔加以检查，即在一个主孔中每隔 100m 用偏斜器打 2～8 个补充钻孔。偏斜顶角的计算要考虑整个伟晶岩带的倾斜度。普查钻探地要和打主孔同时开始，考虑到岩带的倾向和坡度而将主孔布置在岩带的中间部位，然后再打补充钻孔。

五、云母综合利用

矿山开采出来的云母原矿，经第一次手选选出工业原料云母，再经多次加工，分选成各类规格的成品云母片，整个加工过程中会产生大量云母边角料。

在我国，云母加工厂中剥片后的云母废渣，还有云母零件加工后的云母边角料，除了一部分用于造纸和制云母粉外，另一部分往往被废弃，长期堆积，资源浪费，还造成环境污染。

由于综合利用途径的扩大，还有各种云母制品品种的增加，云母企业的产品结构从过去以生产大片云母为主的产品结构，逐渐转移到现在以加工碎云母为主要产品的产品结构，如云母纸的大量生产，在大型电机中已大量取代了云母薄片产品。

（一）云母纸及其制品

1.云母纸浆的制造

将厚度为毫米级的碎云母破碎成厚度为微米级以下的细小云母鳞片，然后将适合于制造云母纸的云母鳞片分选出来，并与一定量的水混匀的过程，就是云母纸浆的制造过程。

云母纸浆鳞片应符合如下要求：薄片厚度为微米级；鳞片厚度比为 50 ～ 100；鳞片面积大小均匀；表面缺陷少；表面清洁纯净，未受污染。云母纸浆的制造方法一般采用煅烧化学制浆法、水力制浆法等。

2.云母纸的抄造工艺

云母纸的整个生产工艺过程及设备同生产其他类型的纸相比，最大的差别在于制浆工艺不同。云母纸的抄造工艺及设备，从整体看与其他各类纸和纸板的制造工艺和设备相同。

浆料池中的 2% ～ 3% 浓度的云母浆用水稀释到 0.3% ～ 0.7% 的浓度，放入顺流溢浆式网槽内。圆网笼一转入网槽浆液中，就开始对浆液进行过滤，即浆体水分漏过筛网，云母片就滤在网笼上，当浆液流速与网笼的线速度一致时，就能够均匀上浆，形成均匀的云母纸胎。

云母纸胎随着圆网笼在网槽内不停转动而连续成型，成型的纸胎在伏辊的作用下，由无端环形毛毯包绕而过，由于毛毯的比表面积远远大于圆笼的比表面积，所以湿胎纸就被转附在毛毯上，被毛毯托住，经真空吸水箱、压榨部进一步脱水，在此抄造过程中，网部脱去的水分为 95% ～ 98%，在毛毯的保护下，胎纸传送到蒸汽烘缸部分干燥，再送到卷纸部分卷取，以上过程即为云母纸的抄造成型过程。

3.云母纸制品

不论是煅烧型云母纸（熟纸）还是非煅烧型云母纸（生纸），其机械强度都很低一般不能直接使用。常见的云母纸制品，根据胶粘剂的种类、用量和补强材料不同，云母纸制品可分为粉云母带、耐热粉云母板、粉云母箔、柔软粉云母板、塑型粉云母板等。

（1）粉云母带

例如，多胶粉云母带含胶 35% 以上，厚度为 0.14 ～ 0.16mm；少胶粉云母带含胶量 5% 左右，厚度 0.14mm；三合一粉云母带厚度为 0.14 ～ 0.16mm；防火粉云母带厚度为 0.1 ～ 0.15mm；柔软云母板厚度为 0.42mm；粉云母纸厚度为 0.04 ～ 0.08mm。

（2）耐热粉云母板

改进的耐热粉云母板主要取决于胶粘剂。云母本身耐热在 600℃以上，耐热胶粘剂有无机胶粘剂、有机胶粘剂（特殊型的）和有机与无机混合胶粘剂等。例如，耐热有机硅胶、磷酸铵类、磷酸铝类、硼酸盐类、硅酸盐类。

（3）粉云母箔

粉云母箔由粉云母纸、胶粘剂与补强的玻纤布或电话纸经烘熔压制而成，它在一定温度下具有可塑性，可做电机、电气卷绕绝缘材料。

（二）云母陶瓷

英国人在 1918 年首先用熔融玻璃黏结云母来制造板材，1921 年美国获得了用天然云母生产云母陶瓷的专利，我国在 20 世纪 60 年代初开始进行天然云母陶瓷研究，并进行了小批量生产。云母陶瓷是一种具有多种性能的复合材料。云母陶瓷制品主要用在电气设备中做绝缘件，在邮电、无线电、宇航等方面有广泛应用。云母陶瓷的品种较多，除了用熔融玻璃做黏结剂的云母陶瓷以外，还有磷酸盐结合云母陶瓷，热压纯云母陶瓷等，它们的生产工艺均相近。

（三）云母珠光颜料

1. 概述

自古以来，珍珠与宝石一样是贵重的装饰品，珍珠之所以能作为装饰品，是由于它具有珍珠光泽。人们早就盼望用人工的方法制造出珍珠光泽的装饰品。早在 17 世纪中叶，巴黎的念珠制造商从淡水鱼的鱼鳞中提取鸟嘌呤的微细晶，即具有珍珠光泽的天然珠光素，再把它分散于凝胶中，然后把这种凝胶灌入空心玻璃内，冷却固化成型，这样就制成了模造珍珠。

天然珠光素有两个缺点：一是原料来源短缺，质量低，价格高；二是色泽鲜明度容易变化，质量不稳定。

从此以后几百年中，人们在发展模造珍珠的同时，逐步发展起珠光颜料的人工合成生产技术。合成珠光颜料主要有铅的化合物，主要用于陶瓷彩釉、美术、化妆用品、防锈漆、户外用漆用珠光颜料。铋的化合物多用于珠光塑料的添加剂和化妆品的附着剂。由于铅、铋化合物具有毒性，无法在食品容皿、化妆品、玩具涂层等方面使用，因此人们急需寻找一种无毒、廉价的珠光颜料，于是就出现了云母珠光颜料——云母钛。

几十年前，美国杜邦公司开发了一种在鳞片云母表面涂上一层二氧化钛薄膜的技术，与以往的珠光颜料天然珠光素、铅及铋化合物相比，该技术具有原料来源广，价格低，无毒性，性能稳定，用途广等优点。目前，这种云母珠光颜料在国际上需求量很大，国内需求量也在不断增加，这是云母综合利用的一个新的重要方面。

2.云母珠光颜料的主要用途

（1）塑料填料

其可作为化妆品，食品容器用塑料的填料，使制品具有珍珠光泽。

（2）装饰涂料填料

它还可以用作装饰涂料填料如丙烯酸类塑料纽扣涂层；小轿车车身涂料填料；化妆品如唇膏、指甲油的填料。

第五章　能源类矿产勘探与资源开发

矿产资源是重要的自然资源，是社会生产发展的重要物质基础，现如今，人们越来越重视对能源类矿产资源的勘探与开发。本章主要介绍了核能、氢能、地热能和生物质能四种资源。

第一节　核　能

一、核能特点

核能是人类历史上的一项伟大发现，它虽然被分类为一次能源，但由于核能是由原子核里的中子或质子重新分配和组合时释放出来的能量，即核裂变和核聚变，导致其不能被勘探。

核能是指原子核内释放的巨大能量，也可以称为原子能或原子核能。1g 铀原子核裂变时所放出的能量，相当于燃烧 2.5t 煤得到的热能。能量释放可以分为两类，一类是核外电子变化，即煤燃烧时氧原子和碳原子融合，从而生成二氧化碳分子的化学变化，可以称为化学能；另一类是核内变化，即铀放热时铀原子核释放出大量的核能。

早在 1896 年，法国物理学家昂·贝克勒尔就发现了金属铀的天然放射性；1911 年，英籍新西兰人厄·卢瑟福提出了有核的原子结构模型；1939 年，奥地利人弗里什·迈特纳用中子轰击重元素铀原子核，从而发现了重原子核裂变现象。1942 年，美籍意大利人弗米在美国芝加哥大学建造了世界上第一座核裂变反应堆，首次完成了受控"核能释放"，被后人称为核能时代的奠基石。1954 年，苏联在布洛欣采夫的领导下，建成了世界上第一座功率为 5MW 的商用核电厂，向工业电网并网发电，使人类和平利用原子能发电步入了一个飞速发展的新纪元。在半个多世纪里，核能的发展异常迅速，近 20 年来，它已成为世界能源的一个重要内容。

物质的原子由原子核和绕核旋转的电子组成。原子是中性的，99.94%以上的原子质量集中在由质子和中子组成的原子核内。原子核内质子的数量表示原子的序数，原子序数相同的元素，其化学性质相同，是同一种物质元素的同位素。原子核的半径非常小，在原子核内有许多带正电的质子，它们之间产生了较大相互排斥的静电力，同时核内各粒子之间还存在着强大的吸引力，通常被称为核力。在原子核内的质子与中子之间、中子与中子之间、质子与质子之间存在着较强的核力。由于质子和中子的半径较小，因此其只能对相邻的质子或中子发挥作用。这种由原子核分解为核子时吸收的能量或通过结合而成的原子核，统称为原子核能或结合能。

释放原子核内能量的方法有以下两种。

①核裂变反应，即将原子核分裂成两半，使其释放大量能量，该能量称为裂变核能。目前，核裂变反应主要应用于军事上的原子弹爆炸，还有各国所建造的核电站。

②核聚变反应，即将两种原子核融合为一个原子核，使其释放大量能量，由于该反应是瞬间完成的，导致极其不易控制，目前最为常见的核聚变反应是氢弹爆炸。

原子序数在 40 以下的轻核发生聚变与原子序数在 80 以上的重核发生裂变时，都会释放出大量的结合能——核能。目前，人类已有成熟的控制技术进行重核可控的裂变并对其加以利用。重核元素原子裂变能的释放，是外来带能粒子冲击进入靶核，并使核结构发生改变的结果。自然界中易发生裂变反应的重核元素主要是铀 -235，它是目前核反应堆广泛应用的核燃料。

根据爱因斯坦质能互换公式，铀 -235 原子受外来粒子冲击发生裂变反应时，大约能释放出 200MeV 的能量。想要促发重核元素连续发生原子裂变反应，并从中获取稳定的能量流，首先要选取最具裂变性能的靶核、轰击靶核的高速粒子和实现可控链式裂变反应的中子慢化剂（如水、重水或石墨）。

核能具有以下显著的优点。

①核能的能量非常巨大且集中，地区适应性强、运输方便。

②核能资源储量十分丰富，广泛分布在陆地和海洋中。陆地储量较多的大洲分别是北美洲、非洲和大洋洲。与陆地储量相比，海洋核能的储量更为丰富，一般情况下，每 1 000t 海水中就含有 3g 铀，其总储量比陆地已知的总储量大数千倍。

③各个国家的核能发电技术日益成熟，使核电站得到了迅速发展。随着核能技术发展，核能已由过去的新能源发展成为目前的常规能源。

二、核反应堆类型、结构及运行

实现大规模可控核裂变链式反应的装置，即用来实现核裂变反应的装置，被称为核反应堆。核反应堆是核电厂的心脏，核裂变链式反应在其中进行。

核反应堆的类型繁多，核电工业通常按慢化剂和冷却剂进行分类。工业上较为成熟的发电堆包括石墨堆、重水堆、轻水堆。

目前，应用最为广泛、技术最为成熟的堆型是轻水反应堆。其特点如下。

①优点。安全性高、造价低廉、功率密度高、体积小、建造周期短、单堆功率大、结构和运行比较简单等。

②缺点。与重水和石墨相比，轻水更容易吸引中子，导致其需要将天然铀浓缩在 3% 左右，否则无法维持链式反应。

当前，发电核反应堆中的绝大多数是能量在 $0.025 \sim 0.1eV$ 量级的热中子维持链式裂变反应的热中子堆（或称慢中子堆）。慢中子堆按冷却剂和催化剂不同，又分为轻水堆（压水堆或沸水推）、重水堆和石墨气冷堆等。目前核电站广泛使用的是轻水堆，即压水堆和沸水堆。

（一）压水核反应堆本体结构

核动力发电厂广泛采用的压水核反应堆核心构件是堆心和防止放射性物质外逸的高压容器——压力壳。

1. 堆心

堆心是发生链式核裂变反应的场所，是反应堆的心脏，在这里核能转化为热能，由冷却剂循环带出堆外。堆心同时又是一个强放射源。

堆心中的燃料组件是由燃料棒按纵横 14×14 或 15×15 或 17×17 排列成正方形截面，每个组件设有 16（或 20）根控制棒导向管，组件的中心为中子通量测量管。一个功率为 300MW 以上的反应堆堆心，一般由约 121 个这样的燃料组件，排列成等效直径约为 2.5m、高约为 3m 的堆心体。每个组件内的燃料棒元件都用弹簧定位格架夹紧定位，定位格架、控制棒的导向筒和上下管座等部件连接，形成具有一定刚度和强度的堆心骨架。每个燃料组件内的 16（或 20）根导向筒内，有相同数量用银 - 铟 - 镉合金制成的细棒状控制棒吸收体，外加不锈钢包壳后插入，控制棒上部由径向呈星形的肋片连接柄连成一束，由一台控制棒驱动机构通过连接柄带动控制棒，在燃料组件内的导向筒中上下运动。

为缩短反应堆起动时间及确保起动安全，在堆心的邻近设置人工中子源点火组件，由它不断地放出中子，引发堆内核燃料的裂变反应。

2.压力壳

反应堆的压力壳是放置堆心和堆内构件，防止放射性物质外逸的高压容器。对于压水反应堆，要使一回路的冷却剂在350℃左右保持不发生沸腾，冷却水的压力要保持在13.7MPa以上。反应堆的压力壳要在这样的温度和压力下长期工作，因此要求所用的材料必须具备热稳定性和抗辐射性，并且要具备较高的力学性能。

反应堆的压力壳是一个不可更换的关键性部件，一座900MW压力堆的压力壳，其直径为3.99m、壁厚为0.2m、高为12m以上，重达330t。压力壳的外形为圆柱体，上下采用球形封头，顶盖与筒体之间采用密封良好的螺栓连接。通常压力壳的设计寿命不少于40年。

为了防止核反应堆泄露放射性物质，人们设置了压力容器放在安全壳厂房内，燃料棒封闭在严密的压力容器中用锆合金制作包壳管，还有对核燃料芯块进行处理四道屏障。经长期的实验证明这些屏障是十分有效的。核电与其他能源相比，也是最安全的能源之一。

（二）压水堆核电厂工作流程

核电站是利用核燃料产生的热量使冷却水变为高压蒸汽，从而推动汽轮发电机组发电。核电站系统和设备主要由被称为常规岛的常规系统与设备和被称为核岛的核反应堆系统与设备组成。各种类型核电厂的系统布置和设备各有差异，但总体上无根本差别。

①常规岛部分。常规岛部分是指核电厂在无放射性条件下的工作部分。常规岛主要由二回路系统的汽轮发电机组、高低温预热器、二回路循环泵和三回路系统的凝汽器、三回路循环泵、三回路冷却水循环系统等组成。

②核岛部分。核岛部分是指在高压、高温和带放射性条件下工作的部分。该部分由压水堆本体和一回路系统设备组成，它的总体功能与火力发电厂的锅炉设备相同。冷却剂循环流通相连的连接管路、一回路循环泵及其附属设备、蒸汽发生器、反应堆本体共同被称为核电厂的一回路系统。

由于压水堆核电站以轻水为主，具有放射性废气、废液和废物少，运行维护方便、一回路系统和二回路系统分开、造价较低、建设周期短、反应堆体积小等优势，使压水堆在核电站中有广泛的应用。

三、核能的和平利用前景

世界上首座 5 000kW 试验性原子能电站由苏联于 1954 年建成，期间经历了快速发展时期和缓慢增长期。在 20 多年里，世界 400 多座核电站机组安全运行积累的经验，使得核电站改进措施成效显著，核电的安全性和经济性均有所提高。除此之外，人们在海底核电站、太空核电站、核电池和激光核聚变等方面取得的成就，有效促进了核能发电技术提高。面对经济迅猛发展带来的越来越大的能源缺口，世界各国纷纷将目光聚焦于核能。但由于公众和用户对核电产业发展仍然心存余悸，世界核能产业的发展稍为缓慢。

（一）我国核能的和平利用

1991 年，我国首座核电站正式投入运行，标志着我国核能利用成功进入了新阶段。

2007 年，随着一号机组核岛第一罐混凝土的浇筑，我国东北地区第一个核电站正式开工。

我国在核军工的基础上建立起的核能和平利用产业经过长时间发展，其产业体系日趋完整。但是，就总体而言，其目前尚处于结构调整期，发展水平还不高。与许多国家相比，我国的核能和平利用产业对国民经济的贡献率及技术水平均存在着相当大差距，尚不能满足经济和社会发展需求。

2009 年，我国电力总装机容量中，核电机组仅占其中的 1.3%，发电量仅占 1.9%。2012 年，我国核电总装机为 907.88 万 kW，核电机组达 30 台。我国正在对 2020 年核电中长期规划进行调整。

根据国家能源局提出的 2020 年核电总装机达到 7 000 万 kW 目标。核电装机容量要达到 5%，发电量要达到 8%。按照规划，到 2020 年国内核电装机比重将从目前的 4% 上升到 5% 左右，核电的装机容量将达到 7 000 万 kW 左右。我国核电发展潜力巨大，市场存在巨大契机。

（二）国际核能利用的争议

目前，中国、伊朗、阿根廷、日本、俄罗斯、罗马尼亚、乌克兰、印度仍在兴建新核电站。根据国际气候变化委员会的草案，为了实现 2100 年世界上 50% 电力将由核能生产的目标，全球范围内需要每年建设 75 个新核电站，但真正能按照计划投入运营的核电站较少，因此世界各国在解决能源短缺问题上，并没有将核能作为主要途径。

世界各国对核能利用意见不一。例如，英国的能源结构中，电力领域核能发电约占 23%，但在总体中只占 10%。核废料的有效控制问题是公众未能形成一致意见的主要原因，公众支持和反对意见各占 30% 左右。统计显示，在法国有 3/4 的电力来自核能，但荷兰、西班牙、瑞典、德国等欧洲国家都在陆续关闭核电站，决定不再兴建核发电站。在大力发展核电站热潮的背后，有不少人对核电站的发展担心，但全世界已投入运行的核电站已近 450 座，30 多年来基本上是安全的。

（三）核能利用的发展展望

1. 海底核电站

随着深海海底石油和天然气勘探与开采，相关研究人员开始设想在采油平台的海底附近建造海底核电站。与传统的供电方式相比，海底核电站不仅能节省大量的资金，还能有效提高电力输送效率。海底核电站的蓝图最早完成于 20 世纪 70 年代初期，此后世界各国陆续开始进行研究和实验。

海底核电站与陆地上核电站的原理基本相同，但海底核电站的建造更加困难，主要体现在以下几个方面。

①设备要求有极强的密封性。

②零件要求能承受较大的海水压力。

③海底核电站的各种设备和零部件都要耐海水腐蚀。

一般情况下，海底核电站所用的汽轮发电机要密封于耐压舱内，反应堆通常是安装在耐压堆舱中，耐压仓与堆舱同时固定于一个平台上。当核电站使用时间过长或出现故障时，可以将其浮出海面进行更换堆料和检修。海底天然气和石油的开发有效推动了海底核电站研究。

2. 海上核电站

建造海上核电站的优点包括以下几个方面。

①造价要比建在陆地上低。

②核电站站址选择余地大。

③因海上条件基本相同，海上核电站装置可标准化，从而降低制造成本，缩短建造周期。

海上核电站安全性等问题受到了大部分人质疑，导致其发展十分缓慢。近年来，人们对海上核电站的关注日益增加，许多国家海岸线面积远远大于陆地面积，为其提供了建造核电站的新途径，例如新西兰、日本、英国等。

3. 太空核反应堆

1965 年，由美国制造并发射的人造卫星中装载的核反应堆是最早的太空核反应堆。核反应堆装在卫星上具有成本较低、寿命较长、性能可靠、质量轻等优点。一般情况下，人造卫星会配备各种电子设备，例如发送系统、电视摄像机、通信联络机构、自动控制装置、电子计算机等，因此对电能需求较高。卫星和飞行器的供电经历了以下几个阶段。

①第一阶段，采用燃料电池为卫星和太空飞行器提供电源。

②第二阶段，采用太阳能电站为卫星和太空飞行器提供电源。

③第三阶段，采用空间核反应堆为卫星和太空飞行器提供电源。

太空核反应堆在工作原理上与陆地上的基本一样，只是太空核反应堆要求反应堆体积小，轻便实用。

第二节　氢　能

一、氢的特点

由于目前像电能这样的过程性能源尚不能大量直接储存，所以机动性强的现代交通运输工具尚无法直接使用从发电厂输出的电能，只能采用像柴油、汽油这一类含能体能源。也就是说，过程性能源和含能体能源目前还不能互相替代。随着化石燃料耗量日益增加，其储量日益减少，终有一天这些资源要枯竭，因此寻找一种不依赖化石燃料的、储量丰富的新含能体能源变得十分迫切。氢能正是一种在常规能源出现危机、人们期待开发的新的含能体能源。科学家认为，氢能有可能在 21 世纪的世界能源舞台上成为一种举足轻重的能源。

氢的原子序数为 1，位于元素周期表之首，在超低温高压下呈液态，具有以下特点。

①质量最轻。在所有元素中，其质量最轻，密度为 0.0899g/L，温度达到 -252.7℃时会呈液体状态，并在受到高压时转变为金属氢。

②导热性最好。在所有气体中，氢气的导热率要比其他气体高出 10 倍，这一特点使其成了能源工业中最常用的传热载体。

③发热量较高。氢的发热量为 142 351kJ/kg，是除核燃料外所有生物燃料、化工燃料、化石燃料发热量最高的物质。

④燃烧性能好。氢燃点较高、燃烧速度快，并且与空气混合时，其燃烧范围较为广泛。

⑤形态较多。氢能具有固体的金属氢化物、液体还有气体三种形态，能够满足各种应用环境要求。

二、氢能制备

氢的大规模工业制备常用的方法有水制氢、化石能源制氢和生物质制氢等。另外，太阳能制氢是目前最有发展前景的制氢技术。

（一）水制氢

水制氢的常见方法有水电解制氢、高温热解水制氢、热化学制氢等。

①水电解制氢。水电解制造氢气是一种传统的制造氢气的方法，其生产历史已有 80 余年。该技术具有产品纯度高和操作简便的特点，但该生产工艺的电能消耗较高，因此目前利用水电解制造氢气的产量仅占氢总产量的 4% 左右。

只要提供一定形式的能量，即可使水分解。水分解所需要的能量是由外加电能提供的。为了提高制氢效率，电解通常在高压下进行，采用的压力多为 3.0 ～ 5.0MPa。水电解制氢气的工艺过程简单，无污染，其效率一般在 75% ～ 85%。但消耗电量大，每立方米氢气耗电量为 4.5 ～ 5.5kW/h，在水电解制造氢气的生产费用中，电费占整个水电解制造氢气生产费用的 80% 左右。因此，该生产工艺通常意义上不具有竞争力，目前主要用于工业生产中氢要求纯度高、用量不多的工业企业。

普通水电解制氢工艺耗电太多，20 世纪 70 年代末，美国研究出一种低电耗制氢方法，耗电量只有普通水电解制氢的一半。这种方法的主要特点是以煤水浆进行水电解制氢，实际上是一种电化学催化氧化法制氢，即在酸性电解槽中，阳极区加入煤粉或其他含碳物质作为去极化剂，反应结果的产物为二氧化碳，而不是氧气，阴极则产生纯氢。这样能使电解的电压降低一半，因而电耗也相应降低。据报道，美国已在新墨西哥州采用此种方法建立了一座年产 300 万 m^3 氢气的工厂，每标准立方米的电耗为 24kW/h。而且这种方法在添加煤粉的过程中能生成硫化物，还可以进行煤的脱硫。因此，这项技术很受工业界欢迎。这种方法的低电耗是以排放 CO_2 为代价的，在环保要求日益严格的今天，从社会、经济、环保等方面综合考虑是否真的合算，还有待认真研究。

在较高压力下（0.6 ～ 20MPa）水电解生产氢气及氧气具有一系列优点，包括减小气体分离器尺寸、提高电流密度、降低电能消耗（约降低 20%）。另外，因为制得的气体一般要高压储存，所以用高压电解技术可以省略储存时的第一步压缩。

②高温热解水制氢。当水直接加热到很高温度时，部分水可以离解为氢和氧。高温热解水制氢需要很高的能量输入，一般需要 2 500℃～ 3 000℃的高温，因而用常规能源是不经济的。采用高反射高聚焦的实验性太阳炉可以实现 3 000℃左右的高温，从而能使水产生分解，得到氧和氢。但这类装置的造价很高，效率较低，因此不具备普遍的实用意义。关于核裂变的热能分解水制氢已有各种设想方案，至今均未实现，但人们更寄希望于今后通过核聚变产生的热能制氢。

目前人们正在研究一种等离子体技术直接水分解氢。在等离子体电弧发生过程中，水在电场中加热到 5 000℃以上的高温，裂解产生 H、H_2、O、O_2、OH、HO_2 和 H_2O，其中 H 和 H_2 的体积分数占 50%。为了避免处于非稳定状态的粒子复合，需要用低温液体使等离子体气体快速淬灭。高温热解水制氢的整个过程需要消耗大量能量，成本很高，目前还处于研究阶段。

③热化学制氢。热化学制氢是指水系统在不同温度下，经历一系列不同但又相互关联的化学反应，最终将水分解为氢气和氧气的过程。在这个过程中，仅仅消耗水和一定热量，参与制氢过程的添加元素或化合物均不消耗，整个反应过程构成了一封闭循环系统。与水的直接热解制氢相比较，热化学制氢每一步的反应均在较低的温度下进行，能源匹配、设备装置耐温要求及投资成本等问题都相对比较容易解决。热化学制氢的其他显著优点包括能耗低（相对水电解和直接热解水成本低）；能大规模工业生产（相对可再生能源）；可以实现工业化（反应温和）；可能直接利用反应堆的热能，省去发电步骤；效率高等。

（二）化石能源制氢

①气体原料制氢。天然气的主要成分是甲烷。天然气制氢的方法主要有天然气水蒸气重整制氢、天然气部分氧化重整制氢、天然气水蒸气重整与部分氧化联合制氢及天然气（催化）裂解制造氢气。

②液体化石能源制氢。液体化石能源如甲醇、乙醇、轻质油和重油等也是制氢的重要原料。其主要方法有甲醇裂解 - 变压吸附制氢技术，其工艺简单、技术成熟、投资省、建设期短，且具有所需原料甲醇价格不高，制氢成本较低等优势被一些制氢厂家所看好，成为制氢工艺技改的一种方式；甲醇水蒸气重整理论上能获得氢气的体积分数是 75%。在 249℃～ 258℃时，甲醇在空气和水蒸气存在的条件下自热重整，可以得到很高的产氢率，该过程中可以使用与甲醇水蒸气重整相似的催化剂，但要注意调整反应器温度平衡来保持催化剂的活性状态，这些催化剂对氧化环境比较敏感，这也是实际运行中的主要问题。

重油原料包括常压、减压渣油及石油深度加工后的燃料油，重油与水蒸气及氧气反应制得含氢气体产物，部分重油燃烧可提供转化吸热反应所需热量及一定的反应温度。气体产物的组成：氢气的体积分数为46%；一氧化碳的体积分数为46%；二氧化碳的体积分数为6%。该法生产的氢气产物成本中，原料费约占1/3，而重油价格较低，故很受人们重视。

（三）生物制氢

生物质不便作为能源直接用于现代工业设备，往往要转化为气体燃料，或转化为液体燃料。我们已经知道氢是重要的能源载体，因而生物质制氢成为可能。

生物质能的利用主要有微生物转化和热化工转化两类。前者主要是产生液体燃料，如甲醇、乙醇及氢；后者是在高温下通过化学方法将生物质转化为可燃的气体或液体，目前被广泛研究的是生物质的裂解（液化）和生物质气化。严格来说，后者用于生产含氢气体燃料或液体燃料。生物制氢技术具有多种优势，例如不消耗矿物资源、节能、清洁等。生物体作为一种可再生资源，不仅能通过光合作用进行物质和能力转换，还能进行自身繁殖。从长远和战略的角度来看，生物体制取氢气是最合理的方法，因此大部分国家纷纷开始对生物制氢技术进行研究，并应用于实际。

三、氢能在商业应用中存在的问题

氢作为一种新的含能体能源，以液氢的形态被广泛应用于航天事业，但其在商业应用仍存在许多问题。

（一）制取成功率较低

在人类生存的地球上，虽然氢是最为丰富的元素，但游离态的氢存在极少，只能利用其他能源来制取，不能直接从地下开采，因此，氢是一种二次能源。在自然界中，最为丰富的含氢物质是水，其次是天然气、石油、煤等矿物燃料，还有各种生物质等。

从水中分离氢必须用热分解或电分解法，因为它的制取成功率较低，且需要消耗大量能量。因此，各个国家的研究人员纷纷开始探索高效率、低能耗的制氢技术。

（二）较难储存和运输

氢能的储存和运输问题一直是困扰各个国家的重点问题，由于氢具有易汽化、着火和爆炸的特点，因此对储氢技术要求较高，例如高效、高密度、开发安全、成本低等。妥善解决氢能的运输和储存问题是氢能规模化的关键。

第三节　地热能

一、地热能来源

地热能储存在地下，是来自地球深处的可再生能源，不受天气状况影响。它来源于地球的熔融岩浆和放射性物质的衰变，地下水的深处循环和来自极深处的岩浆侵入到地壳后，把热量从地下深处带至近表层。全世界地热能的储量相当大，据估计，每年从地球内部传到地面的热能相当于100kW/h电能。相关研究调查表明，致使地球内部下降1℃所消耗的地热能，足够全世界完全使用地热能4 100万年。由此可见，地热能开发利用潜力十分巨大。但是，地热能开发难度较大且分布相对分散，技术十分匮乏，导致地热能无法作为发电能源来使用。

在地壳中，可以将地热划分为以下三个温度带。

①常温带。其深度一般为20～30m，温度变化幅度几乎等于零。

②增温带。它位于常温带以下，地球内部的热能是其热量的主要来源，随着深度增加，其温度越来越高。

③可变温度带。其厚度一般为15～20m，由于太阳辐射的影响，导致其温度具有周期性变化。

有研究人员根据相关资料进行了推断，地核的温度在2 000℃～5 000℃，地壳底部至地幔上部的温度为1 100℃～1 300℃。因此，80℃的地下热水位于2 000～2 500m的地下。

一般情况下，大多数人们认为地下热水和地热蒸汽主要是由于地下不同深处被热岩体加热了的大气降水所形成的。地壳中的地热主要靠传导传输，但地壳岩石的平均热流密度低，一般无法开发利用，只有通过某种集热作用才能开发利用。例如，盐丘集热，常比一般沉积岩的热导率大2～3倍；大盆地中深埋的含水层也可大量集热。

二、地热能特点

一般来说，深度每增加 100m，地球的温度就增加 3℃左右，这意味着地下 2km 深处的地球温度约为 70℃；深度为 3km 时温度将达到 100℃。在某些地区，地壳构造活动可使热岩或熔岩达到地球表面，从而在技术可达到的深度上形成许多个温度较高的地热资源储存区，要提取和应用这些地热能，需要用载体把这些热能输送到热能提取系统。这个载体就是在渗透性构造内形成热含水层的地热流。这些含水层或储热层被称为地热田。地热田在全球分布很广，但很不均匀。高温地热田位于地质活动带内，常表现为地震、活火山、热泉、喷泉和喷汽等现象。地热田的分布与地球大构造板块或地壳板块的边缘有关，主要位于新的火山活动地区或地壳已经变薄的地区。地质学上常把地热资源分为以下五种类型。

（一）蒸汽型特点

蒸汽型地热田是最理想的地热资源，它是指以温度较高的饱和蒸汽或过热蒸汽形式存在的地下储热。形成这种地热田要有特殊的地质构造，即储热流体上部被大片蒸汽覆盖，而蒸汽又被不透水的岩层封闭包围。这种地热资源最容易开发，可直接送入汽轮机组发电，对机组腐蚀较轻。蒸汽型地热田储量很少，仅占已探明地热资源的 0.5%，而且地区局限性大。

（二）热水型特点

热水型是指以热水形式存在的地热田，通常包括温度低于当地气压下饱和温度的热水和温度高于沸点的有压力的热水，还包括湿蒸汽。这类资源分布广，储量丰富，温度范围很大。90℃以下称为低温热水田，90℃～150℃称为中温热水田，150℃以上称为高温热水田。中、低温热水田分布广，储量大，我国已发现的地热田大多属于这种类型。

（三）地压型特点

这是目前尚未被人们充分认识的一种地热资源，它以高压高盐分热水的形式储存于地表以下 2～3km 的深部沉积盆地中，并被不透水的页岩所封闭，可以形成长 1 000km、宽几百千米的巨大热水体。地压水除了高压、高温外，还溶有大量的甲烷等碳氢化合物。因此，地压型地热资源中的能量实际上是由机械能（高压）、热能（高温）和化学能（天然气）三部分组成。由于沉积物不断形成和下沉，地层受到的压力会越来越大。地压型常与石油资源有关。

（四）干热岩型特点

干热岩是指地层深处普遍存在的没有水或蒸汽的热岩石，其温度范围很广，一般在 150℃～650℃。干热岩的储量十分丰富，比蒸汽、热水和地压型资源大得多。目前大多数国家把这种资源作为地热开发的重点研究目标。从现阶段来说，干热岩型资源是专指深度较浅、温度较高的有经济开发价值的热岩。提取干热岩中的热量需要有特殊的办法，技术难度大。干热岩体开采技术的基本概念是形成人造地热田，即开凿深井（4～5km）通入温度高、渗透性低的岩层中，然后利用液压和爆破碎裂法形成一个大的热交换系统。这样，注水井和采水井便通过人造地热田连接成一个循环回路，水便通过破裂系统进行循环。

（五）岩浆型特点

岩浆型是指蕴藏在地层深处处于动弹性状态或完全熔融状态的高温熔岩，其温度高达 1 500℃。在一些多火山的地区，这类资源可以在地表以下较浅的地层中找到，但多数则是深埋在目前钻探还比较困难的地层中。火山喷发时常把这种岩浆带至地面。据估计，岩浆型资源约占已探明地热资源的 40% 左右。在各种地热资源中，从岩浆中提取能量是最困难的。岩浆的储藏深度为 3～10km。

三、地热资源勘探

（一）勘查

地热地质勘查工作，一般将其划分为普查、详查、勘探三个阶段。

1.普查阶段

该阶段主要是寻找地热异常区或对已发现的地热异常区（地表热显示区）开展地热地质普查，进一步查明地热田及其外围的地层、构造、岩浆（火山）活动情况，研究它们与地热显示、地定地热水（地热流体）的天然排放里及其化学成分，估算地热田的热储温度，初步圈定地热异常的范围，提出热储概念模型，探求 D+E 级储里，估价地热开利用前景。

2.详查阶段

详查阶段在普查的基础上进行，对地热田是否具有开发价值及近期能否被开发利用进行详查，基本查明地热田及其外围的地层、构造、岩浆活动情况，划分热储、盖层、导水构造；基本查明热田内地温及地温梯度和空间变化，进一步圈定地热异常范围，计算热储温度；基本查明热储的岩性、厚度、埋深及其边界条件，各热储层内地热流体温度、压力及其变化关系，热储的孔隙率及渗透性能，圈定地热流体富集地段；基本查明地热流体的相态、地热井排放的汽水比例，地热流体的化学成分及其补给、径流、排泄条件，建立热理论参数模型；探求 C+D 级储量，提交详查报告，为热田开发总体规划和是否转入勘探阶段提供依据。

3. 勘探阶段

勘探一般是在经详查工作证实具有开发价值的地段上进行的。在该阶段要详细查明地热田的地层、构造浆（火山）活动和水热蚀变等特点；热储、导水、控热构造的空间展布及其组合关系；地热流体物理特征、化学成分、补给、径流、排泄条件；热田的地温、地温梯度的空间分布及其变化规律；热储结构；各热储层的分布面积、厚度、产状、埋深及地热体的温度、压力、产量的变化规律。除此之外，在此阶段还要准确圈定地热流体的富集地段，实测储里计算参数，建立热储参数模型探求 B+C 级储里，提出合理开发利用方案并做出环境影响评价，提交勘探报告，为地热田开发利用提供依据。

（二）勘查手段与要求

地热田地质勘查工作要依据勘查地热田的具体条件，有选择地选用航卫片解译、地面地质调查、地球化学调查、地球物理勘查、地热地质钻探、成井试验、地热实验分析（水、土、岩）、动态监测、人工回灌试验等综合手段。各种手段的运用条件、目的、要求概述如下。

1. 航卫片解译

其主要应用于构造隆起区地热田地质勘查工作的初期，配合地面地质调查工作进行，通过最新航卫片图像的解译，判断地热田地貌、地质构造基本轮廓及其隐伏构造，地热田及其相邻地区地面泉点、泉群、地热溢出带及地表热显示的位置，地表的水热蚀变带分布范围，为地热田地面地质调查提供依据和工作方向。

2. 地面地质调查

地面地质调查在航卫片解译及充分利用区域地质调查资料的基础上进行，调查范围尽可能包括地热田的补给区、排泄区。通过调查，实地验证航卫片解译的成果、难点；查明地热田的地层时代岩性特征、地质构造、岩浆活动及地热田形成的地质条件；查明地表热显示的类型、规模、分布范围及其与地质构造的关系；选定地热田进一步工作的重点地区，为地热田下一步的勘查工作提供依据。

3. 地球化学调查

地球化学调查应用于地热田地质勘查工作的各个阶段，主要是采集地热田及其周边地区的地热水（井泉）、常温地下水、地表水样进行化验分析，对比分析彼此的关系；利用地热水中特征离子组分，如氟、二氧化硅等高于常温地下水的变化与分布规律，圈定地热异常区的范围；测定地热田内代表性地热水（井、泉）中稳定同位素和放射性同位素含量，推断地热水的成因和年龄；分析研究代表性地热水（井、泉）中特殊组分（SiO_2、K、Na、Mg）等的含量变化，进行温标计算，推断深部热储温度；对地表岩石和钻孔（井）岩心中的水热蚀变矿物进行取样鉴定，分析推断地热活动特征及其发展历史等。

4. 地球物理勘查

地球物理勘查是地热资源勘查工作的重要组成部分，一般应在地热田普查阶段进行，详查阶段选择近期有开发利用价值的地段进行。其主要是圈定地热蚀变带、地热异常范围和热储体的空间分布；确定地热田的基底起伏及隐伏断裂的空间展布，圈定隐伏火成岩体和岩浆房位置；利用重力法确定地热田基底起伏（凸起和凹陷）及断裂构造空间展布；利用磁法确定水热蚀变带位置和隐伏火成岩体的分布、厚度及其与断裂带的关系；利用电法等方法圈定热异常和确定热储体的范围、深度；利用人工地震法准确测定断裂位置、产状和热储构造；利用磁大地电流法确定高温地热田的岩浆房及热储位置与规模；利用微地震法测定活动断裂带。

5. 地热地质钻探

地热地质钻探是地热资源勘查工作最重要也是耗资最多的手段，用于查明地热田形成的地质条件，准确确定热储层的空间分布及其开发利用条件，查明热储的压力、温度、水位、地热流体的流量及质量，获取计算评价地热资源的各项参数。钻探深度一般应达到有开采利用价值的热储层底界或当前技术经济合理的开采深度内（对沉积盆地层状热储类型的地热田开采深度，国内目前控制在 2 000m 左右）；钻探控制网度视勘查工作阶段不同而定，根据我国目前地热资源勘查、开发的实践经验，参照有关数据进行。钻探井位确定应进行严格审定，对大型沉积盆地层状热储类型的地热田，应尽可能布置在最具开发利用价值的地热水富集地区和富集层位；对于构造隆起区带状热储类型的地热田，则应尽可能布置在主要导水、导热断裂构造带上。钻探工程必须确保工程质量，取全、取准各项资料。

6. 成井试验

成井试验是地热地质钻探工作的后续环节和测定地热资源评价参数的重要手段。地热钻探井和探采结合井都应进行成井试验，以测定地热资源评价必需的计算参数。低温（小于90℃）热水井一般进行抽（放）水试验，中、高温热水井进行放喷试验。成井试验按照地热资源评价的需要分为单井试验、多井和群井试验。

①单井试验主要在普查阶段进行，指在一个井内做三个落程稳定延续8～12h的抽（放）水试验，用于初步确定热储层参数。

②多井试验指在一个孔抽（放）水，一个或一个以上观测孔进行观测的试验，一般在详查阶段进行，用于较准确的确定热储层参数、井间干扰系数，为地热水开采井群初步布置提供依据。

③群井试验指在两个或两个以上热水井进行抽（放）水，同时在多个观测孔进行观测的试验，一般只在勘探阶段结合开采方案进行，用于准确测定抽（放）水水量、水位、水质、水温，影响边界的动态变化，为准确评价地热资源开采量及开采环境影响问题，确定合理开采方案提供可靠依据。

7. 地热水、土、岩实验分析

在地热资源勘查中，应比较系统的采取水、土、岩等样品进行分析鉴定，以获取热储的有关参数。为评价地热水水质，应进行地热水的全分析、微量元素、放射性元素及总放射性分析，对温泉出露点和浅埋热储，还应增加污染指标（酚、氰等）分析；为研究地热水成因、年龄、补给来源等可视条件进行稳定同位素（^{18}O、^{34}S、^{2}H）和放射性同位素（^{3}H、^{14}C）测定；为确定热储密度、比热、导热率、渗透率、孔隙度等物性参数，则应选取代表性岩、土试样进行分析测定。

8. 动态监测工作

动态监测是准确评价地热资源及热田开发可能引起的环境问题的重要手段。一般从热田勘查工作开始就要着手建立热田的动态观测系统，及时掌握地热水的天然动态和开采动态。对已开发的地热田则应建立比较完善的地热水观测系统，监测地热水开采水量、水位、水质、水温的变化及开采降落漏斗、地面沉降或地面塌陷的发展变化趋势，为地热资源的可采量评价和地热资源开发管理提供依据。

9. 地热回灌试验

其一般是在地热田由勘探转入开发后进行。目的在于提高地热资源的利用率，保持热储生产压力，延长地热田使用寿命，防止地面沉降和热水排放造成的污染等。通过试验选择合适的回灌位置、回灌水温度、回灌压力、回灌量等参数，对地热田可否回灌或如何进行生产性回灌提供依据。

从国内部分地热田的回灌试验资料表明，热储层为孔隙传导型的地热田，回灌试验效果较好；热储层为裂隙对流型的地热田，回灌试验效果较差，甚至不宜进行回灌。

四、地热能开发利用

地热能是新能源家族中重要的成员之一，是一种相对清洁、环境友好的绿色能源。

地热资源的常见利用方式包括把地热能就地转变成电能通过电网远距离输送，中低温地热资源直接向生产工艺过程供热、向生活设施供热、农业用热，还有提取某些地热流体和热卤水中的矿物原料等。

地热能既可作为基本热负荷使用，也可根据需要转换使用。在有些地方，地热能随自然涌出的热蒸汽或水到达地面，自古以来人们就已将低温地热资源用于浴池洗浴、蒸煮和空间供热。近年来，人们通过钻井又可将热能从地下的储层引入水池、房间和发电站，应用于温室、热力泵和某些热处理过程的供热。在商业应用方面，利用干燥的过热蒸汽和高温水发电已有几十年的历史，利用中等温度（100℃）水通过双流体循环发电设备发电，在过去的 10 年中已取得了明显进展，该技术现在已经成熟。地热热泵技术目前也取得了明显进展，国内外已有很多成功应用的实例。由于这些技术的进展，地热资源的开发利用得到了较快发展，也使许多国家经济上可供利用资源的潜力明显增加，地热能在世界很多地区应用广泛。老技术现在依然富有生命力，新技术也已成熟，并且在不断完善。在能源的开发和技术转让方面，地热能未来的发展潜力相当大。从长远来看，研究从干燥的岩石中和从地热增压资源及岩浆资源中提取有用能的有效方法，可进一步增加地热能应用潜力。

（一）地热能在工业方面的应用

地热能在工业领域中应用广泛，可用于任何形式的烘干和蒸馏过程，也可用于简单的工艺供热、制冷，或用于各种采矿和原材料处理工业的加温。在某些情况下，地热流体本身也是一种有用的原料，某些热水中就含有多种盐类和其他有价值的化学物质，天然蒸汽则可能含有具有工业用途的不凝性气体等。概括起来，地热能在工业上的应用主要有以下两个方面。

①纺织、印染、缫丝的应用。我国的天津、北京及湖北省英山县等许多纺织、印染、缫丝轻纺工业早已利用当地的地热水进行生产或满足某些特殊工艺所需热水的供应。各个厂家利用地热水后有一些共同的优点，例如提高了产品质量，增加了产品色调的鲜艳程度，着色率也提高了，并使一些毛织品的手感柔软、富有弹性，还节约了部分常规燃料。此外，由于地热水的硬度适宜，这样既节省了软化水的处理费用，又节省了许多原材料，相应降低了产品的成本。

②从地热流体中提取重要元素和矿物质。地热水（汽）中含有很多重要的稀有元素、放射性元素、稀有气体和化合物等，诸如碘、钾、硼、锂、锶、铷、铯、氦、重水及钾盐等，这些都是国防、化工、农业等领域不可缺少的原料。

（二）地热能在生活方面的利用

地热能在生活方面的应用形式主要是地热供热，主要包括地热采暖。一般人感到舒适的最佳环境温度在 16℃～ 22℃，这一温度范围与人们的体力活动和环境因素（如相对湿度、空气流速、阳光辐射等）有一定关系。利用地热采暖不仅可以保持室温稳定、舒适，还有效避免了燃煤锅炉取暖时忽冷忽热的现象，还可节约燃料，减少采暖对环境的污染。这也是近十多年来全球在地热采暖领域发展很快的重要原因之一。另外，地热采暖与其他清洁能源的生产成本相比，具有一定的竞争优势。

（三）地热能在农业方面的利用

地热在农业方面的应用也很广泛，其主要用在地热温室种植和水产养殖两大领域。1999 年统计数字显示，地热温室和地热养殖在全球直接利用类型中所占比例分别为 9% 和 6%。这显示出各个国家在地热能为本国发展农牧业方面，对培育优良品种、优化产品质量、提高产品数量是十分重视的。地热温室所需的是低温热资源，水温可低到 60℃，很少使用超过 90℃的热水。在温室应用的同时，室外土壤也可应用，其加温需要的水温不超过 40℃，甚至最低的初温也能用。养殖所需水温可以更低些。

第四节 生物质能

一、生物质能特点

生物质能是人类历史上最早使用的能源，属于再生能源。由于生物质能是自然界中由生命的植物提供的能量，因此不能被勘探。

生物质是指由光合作用而产生的各种有机体。生物质的光合作用，即利用土壤中的水、空气中的二氧化碳，利用太阳能将其逐渐转换为氧气和碳水化合物的过程。农作物、树木、陆地和水中的野生动植物体及某些有机肥料，都属于生物质。

生物质能是太阳能以化学能形式储存在生物中的一种能量形式，是一种以生物质为载体的能量，它直接或间接地来源于植物的光合作用。在各种可再生能源中，生物质是一种独特的存在，它不仅可以转化成气体、液态、固体燃料，还是唯一的可再生碳源。生物质遍布世界各地，其蕴藏量极大，据估计，地球上每年植物光合作用所产生的能源，是世界每年耗能量的 10 倍。从生物质能能源当量来看，它是人类赖以生存的重要能源，并与天然气、石油和煤共同列为四大能源。生物质的形式繁多且资源数量庞大，其中包括水生植物、城市固体废弃物、农业和林业残剩物、农林作物、生活污水、食品和林产品加工的下脚料、能源作物、薪柴等。我国的生物质资源包括薪柴、秸秆、人畜粪便、城镇生活垃圾、农林产品加工业废弃物、农业废弃物等。

①薪柴。它是木材加工的下脚料、用材林产出的枝丫，还有薪炭林产出的薪柴。目前，我国薪柴的年产量约为 2.1 亿 m^3，其发热量约为 15MJ/kg，折合标准煤 1.2 亿 t。

②秸秆。其发热量均为 14.5MJ/kg。我国作为一个农业大国，农田里秸秆的产量约是粮食产量的 1.1 倍，目前我国每年所产生的秸秆总量约为 6.2 亿 t。但其中仅有 25% ～ 30% 被作为燃料使用。

③粪便。其发热量约为 13MJ/kg。在我国，每年动物的粪便总量为 8.2 亿～8.4 亿 t，约合 0.7 亿 t 标准煤。一般情况下，采用微型沼气装置对其加以利用，使之能源化。

④城镇生活垃圾。垃圾具有特殊性，导致其发热量和利用率较低，目前我国城市垃圾已达 1.5 亿 t/ 年，发电量约为 400 亿 kW/h。

生物质能作为可再生能源，主要来源于动植物资源。地球上每年生长的生物质总量为 1 400 亿～ 1 800 亿 t（干重）。美国、欧盟（尤其瑞典、芬兰、德国）、巴西等是生物质能应用领先的国家和地区。我国生物质能源极为丰富，每年生物质能可利用量接近 8 亿 t 标准煤。

（一）生物质能的优点

①提供低硫燃料，燃烧时不产生 SO_2 等有害气体，生物燃料有"绿色能源"之称。

②在某些特定的条件下，提供廉价能源。

③将有机物转化成燃料可减少环境公害（例如，燃料垃圾），在生物质生长过程中吸收大气中的 CO_2，生物质能的开发与利用是解决能源与环境问题的重要手段，它不仅可代替化学燃料，例如媒体、石油等，还有利于形成生态良性循环。

④与其他非传统性能源相比较，其对各种技术的要求相对较低。

（二）生物质能的缺点

①目前不适合大规模利用。

②有机物水分偏多，通常在 50% ～ 95%。

③植物通过太阳能转化的有机物极少。

④缺乏适合栽种植物的土地。

⑤单位土地面积有机物能量偏低。

二、生物质能开发利用现状

（一）国际上生物质能开发利用现状

归纳起来，国际上生物质能的利用主要有四种途径，分别是木质燃烧、生物化学加工利用、热化学利用、生物培养能源。但目前的利用主要停留在第一种途径上，利用方法落后，效率极低。从这方面也能看出，生物质能开发利用潜力巨大，前景十分广阔。根据相关部门的预测，2050 年全球燃料直接用量中，生物质能用量将占 38%，占全球电力的 17%。目前，世界各国高度重视生物质能研究开发，发达国家对生物质能的开发主要集中于直接燃烧、固化、热解、液化、气化等方面。

目前，生物质的化学加工已经成为一个十分热门的研究领域，其化学加工包括液化油、甲醇、乙醇等。其中，在特定的条件下，利用生物发酵或酸水解技术将生物质加工成乙醇，是目前常用的方法。根据相关统计，比利时以甘蔗为原料，每年制取的乙醇高达 3.2 万 t；加拿大等国以木质原料生产的乙醇约为 17 万 t。

除此之外，生物质能还有另一种液化转换技术，即通过在反应设备中添加无催化剂或催化剂，利用化学反应将经过预处理的生物质粉末转化为液化油。加拿大、德国、日本、新西兰、美国等发达国家都已陆续开展了研究开发工作，利用木质原料液化的得率为绝干原料的 50% 以上。欧盟组织资助了三个项目，其中以生物质为原料，利用快速热解技术制取液化油的技术，已经完成 100kg/h 的试验规模，并拟进一步扩大至生产应用。该技术制得的液化油得率达 70%。

（二）我国生物制能开发利用现状

生物质是农牧民用来取暖、做饭的主要能源，至今仍广泛应用于发展中国家的农村。旧式炉灶热效率较低，通常在 10% ～ 15%，资源浪费十分严重，并且直接燃烧野草、干粪、薪柴、秸秆等原料，不仅容易使人感染呼吸道疾病，还需要较强的劳动力。

在一些矿物燃料缺乏的地区，农民主要使用林木及枝杈、庄稼秸秆、野草等作为燃料，致使森林及草原植被破坏、土壤退化、水土流失、生态环境遭到破坏。在生活燃料较为富余的地区，夏季在田地焚烧大量秸秆，不仅导致了资源浪费，还严重影响了人们健康。

改革开放以来，农民生活水平不断提高，还有农村经济迅猛发展，使人们对优质燃料的需要日益迫切，生物质能的优质化转换利用是农村实现现代化建设的关键。

近年来，我国政府部门要求科研单位和组织制定了相关政策与规划并付诸实施，并不断开展生物质能新技术研究。

①沼气。20 世纪 90 年代以来，我国沼气建设一直处于稳定发展的势态。到 1998 年底，全国户用沼气池发展到 688 万个，大中型沼气工程累计建成 748 处，城市污水净化沼气池累计 49 300 处，以沼气及沼气发酵液、沼渣在农业生产中的直接利用为主的沼气综合利用技术得到迅速应用，已达到 339 万户，其中北方的"四位一体"能源生态模式 21 万户，南方的"猪 - 沼 - 果"能源生态模式 81 万户。

②生物质气化。经过十几年的研究、试验、示范，生物质气化技术已基本成熟，气化设备已有系列产品，产气量为 200 ～ 1 000m³/h，气化效率达 70% 以上。2000 年底，全国就已建成秸秆气化集中供气站 388 处，有 79 443 个农户用生

物质燃气作生活燃料，有的还用作干燥热源和发电。以前人们使用固定床气化炉，以稻壳为原料进行气化发电，规模较小，现在国内已有流化床气化炉使用，它可以用稻壳、锯末乃至粉碎的秸秆为原料进行气化发电。"九五"期间气化发电站规模达 1 000kW，"十五"期间已建造 4 000kW 的气化发电站。

③薪炭林。建立能量林场、能量农场、海洋能量农场，变能源植物为能源作物，如石油树、绿玉树、续随子。根据全国造林成效调查，我国薪材量以2 000 万～2 500 万 t/年的速度增加，有效缓解了农村能源短缺的问题。

三、生物质能利用技术与应用

（一）生物质能利用技术

生物质能是人类用火以来最早直接应用的能源。近年来，人们的能源与环保意识日益增强，随着化石燃料逐年减少，人们产生了危机感，深刻认识到了石油、煤、天然气等化石能源的有限性，还有无节制使用化石能源将大量增加 CO_2、SO_2、粉尘等废弃物的排放，污染了环境，给人类赖以生存的地球造成巨大的影响。在可再生能源方面寻求能源持续供给的今天，人们最终选择使用了大自然馈赠的生物质能源，生物质利用新技术才有了快速的发展。

生物质能的利用技术开发，充分利用物理或化学等加工方法，将各类原料转换成高品位的能源，例如麦草与秸秆等农林剩余物、森林砍伐和木材加工剩余物等。纵观国内外已有的生物质能利用技术，大体上分为以下四大类。

①直接燃烧技术。传统的直接燃烧，不仅利用效率低，还严重污染环境。利用现代化锅炉技术直接燃烧和发电，可实现清洁而高效使用能源的目标。

②物化转化技术。其包括热解成生物质油、农副产品气化成燃气等。

③生化转化技术。它主要利用厌氧消化和特种酶技术，将生物质转化成沼气或燃料乙醇。厌氧消化主要是把水中的生物质分解为沼气，包括小型的农村沼气技术和大型厌氧处理污水的工程。其主要优点是提供的能源形式为沼气，非常洁净，具有显著的环保效益；主要缺点是能源产出低，投资大，因此比较适宜于以环保为目标的污水处理工程或以有机易腐物为主的垃圾堆肥过程。

④植物油技术。该技术是将植物油提炼成动力燃油的技术。植物油不仅可以转化为动力油作为能源利用，还可以作为化工原料或食用。其缺点包括品种的筛选和培育较难、生产率低且速度慢等，主要优点是生产技术简单。

（二）生物质能在车用燃料上的应用

随着生物质能越来越多地被人们关注，在环保节能要求的推动下，车用生物质燃料开发已成趋势。进入 21 世纪以后，世界各国政府对汽车的尾气排放提出了更高限制及要求，从而对汽、柴油质量也提出了越来越高的标准。在环保、节能和高效化的推动下，一些使用生物质燃料的新型车应运而生，研发和推广新型车用生物质燃料已成为 21 世纪一大热点。业已面世或开发中的新型车用生物质燃料主要有醇类（甲醇和乙醇）及生物柴油等。

1. 车用甲醇燃料

车用甲醇燃料主要有 M85 和 M00。M85 含甲醇的体积分数为 85%，其余为汽油和少量添加剂；M100 不含汽油。甲醇可由生物质经生物加工技术获得。

我国为了大范围推广使用甲醇燃料，近年来各地已报批立项十多个大甲醇装置，投产后年新增生产能力在千万吨以上。这为我国甲醇燃料产业的崛起打下坚实基础。

2. 车用乙醇燃料

乙醇俗称酒精，是清洁燃料，用可再生的生物资源生产。乙醇制取方便，发热量高，无污染，是较理想的车用燃料替代品，如今很多国家都已将增产乙醇提上议事日程。据统计，美国的乙醇用量占新配方汽油的 8% 左右。美国现约有 200 万辆可燃用多种燃料的汽车，既可使用汽油也可使用乙醇汽油，有 135 座加油站可加乙醇汽油。

目前，乙醇生产费用较高，但采用改进技术的新工艺和使用较廉价的原料，可降低其生产费用。目前，工业乙醇主要原料是谷物淀粉，采用酶催化剂使纤维素转化成发酵糖类的新技术正在研发之中。

3. 生物柴油

生物柴油有优良的环保特性，含硫量低，不含芳香烃。与普通柴油相比，燃用生物柴油车辆的 SO_2 排放量可减少约 30%，尾气中有毒有机物排放量仅为 10%，颗粒物为 20%，CO_2 和 CO 排放量仅为 10%。生物柴油有较好的发动机低温起动性能，冷凝点可达 -20℃；有较好的润滑性能，可降低喷油泵、发动机缸体和连杆的磨损率，延长使用寿命；有较好的安全性能，闪点高，不属于危险品。生物柴油还有良好的燃料性能，十六烷值高，燃烧性能优于普通柴油。生物柴油作为一种可再生能源，资源不会枯竭。

欧洲和北美利用过剩的菜籽油和豆油为原料生产生物柴油已获得推广应用。据统计，欧洲生物柴油市场从 2000 年 5.04 亿美元提高到 2007 年 24 亿美元，年增长率达到 25%。欧盟生物柴油的产量在 2003 年已达到 230 万 t，2010 年生物柴油产量达到 957 万 t。

目前生物柴油主要用化学法生产，即采用植物和动物油脂与甲醇或乙醇等低碳醇在酸或碱性催化剂及 230℃～250℃温度下进行酯化反应，生成生物柴油。生物酶法合成生物柴油技术具有合成条件温和、醇用量少、无污染物排放等优点，但由于低碳醇对酶有毒性，它的转化率较低（低于90%），目前尚未工业化。

（三）开发利用车用生物质燃料的意义

一是缓解能源供需矛盾。世界能源本身就处于紧缺状态，更何况煤、石油等化石燃料为不可再生资源，开发生物质燃料可在一定程度上缓解能源紧缺状况，同时由于生物质能源属于可再生能源，理论上是用之不竭的。

二是有利于改善环境。生物质燃料不同于化石燃料，它是一种洁净的能源。使用生物质燃料不但不会对环境造成危害，反而有利于改善环境，对恢复生态有着重要作用，这是一种有极好生态服务功能的能源。

第六章　矿产资源权益与制度

矿产资源是不可再生的自然资源，是国民经济发展的重要物质基础。长期以来，地勘行业作为我国工业化建设的基础性、保障性行业，受管理理念、经营条件和职工素质的限制，存在着信息渠道闭塞、科技水平滞后、管理方式老套等诸多问题。伴随着新技术、新方法及传统地质开采工作水平的不断提高，寻找地质找矿新机制落地的方法和措施成为地勘单位找矿科研工作的重点。本章主要围绕着地质勘探与矿产资源方面开发策略展开简要阐述。

第一节　矿产资源产权制度体系的完善

一、矿业权与矿产资源所有权的关系

（一）所有权与产权的关系

矿业权实际上是一种产权。经济学界对所有权和产权的关系有许多不同的观点。

1.所有权即产权

它是包括关于资产诸方面权利在内的一个权能体系。经济学家张五常认为，所有权的概念在经济上无足轻重，可有可无，因为所有权是一种抽象的存在，可以将其分解为使用、转让和取得收入的权利。在自然经济中，所有权和产权是合一的，在古典式的商品生产中，产权与所有权也是合一的。

产权与所有权有关，并被所有权所制约，是业主委托的权利。

2.产权区别于严格意义上的所有权

所有权范畴的核心和本质是解释产权的从属关系和相应的处分权；所有权最基本的功能是澄清产权的排他性，否则就不会有"所有"可言。所有权概念较为宽泛，可包括不同但相互关联的收益和权利。除产权与所有权之间的区别

以外，如委托代理制下发生的代理权、经营权、使用权，在公司制度下集合的公司法人产权与股东所有权的区别就更加显著。

把产权与所有权相割裂，脱离所有权去讨论产权，这在相当一部分西方学者中是存在的。他们以在股份公司制度中，所有权越来越远离企业而表现为单纯的收益分享权和股市上的股票交易权为由，得出所有权在现代生活中的地位和作用日益弱化的结论。

（二）矿业权继承了矿产资源所有者部分权能

矿业权是所有者将部分矿产资源的部分权能让渡给一定的主体，在市场经济发展到一定阶段，矿产资源进入生产领域作为投资主体享有的相关权利，它是所有权与所有权权能的分离。虽然矿业权是市场经济条件下矿产资源所有权权能分离的产物，但矿业权不仅是对矿产资源的使用权和经营权，而且是由矿产资源所有权派生出来的四项权能（占有权、使用权、处置权和收益权）集合。矿产资源所有权与矿业权是一种原生权和派生权利的关系。

首先，矿产资源所有者将其拥有的部分矿产资源转让给受让人，其所转让的矿产资源在一定程度上是转让的，这主要是针对正常情况而言的。

其次，矿产资源所有者所让渡的是在一定时期、一定范围的矿资源的部分收益权，因为所有者还要保持向矿业权持有者依法征收各种租、税、费的权力。

最后，所有者在一定时期内转让矿产资源的占有、使用、收益和处置权。当期限届满时，所有者还有推迟或者收回采矿权的权力。

探矿权人和采矿权人在依法取得探矿权和采矿权后也就拥有了相应的权益，即可以依法在规定的时限内对矿业权范围内的矿产资源行使占有、使用、收益和部分处置权，具体表现为：①占有权是受法律保护的专有占有，即任何单位和个人都不得在已取得的采矿权范围内进行勘探和开采。②使用权是指矿产资源的勘查、开发和利用，是利用矿业权实现和再造稀缺矿产资源价值的过程，是整个矿业经济的基础。没有这一过程，就不可能实现矿产资源向矿产品的形态转化和价值实现。③收益权是矿业权所有人和最终所有人二者的最终目标，是整个矿业经济的内在动力，即产权理论中的剩余索取权，是矿业权经营的根本动力。④处置权是指矿业权人在矿业权流转市场中依法转让和终止矿业权的权利。

矿产资源所有权是矿产资源的终极所有权。在自然经济中，所有权和产权是相互统一的，包括占有、处分、使用和获取矿产资源权利的权利束。在实行委托代理制度的整个过程中，矿产资源的所有权与勘探、开发和管理权分离，只有矿产资源的最终所有权由所有者保留，即其保留了对矿产资源开发利用所得的部分索取权和依法监督、管理与处置矿业权的权利。

矿业权制度不仅实现了矿产资源的优化配置，而且有效实现了国家所有权，即矿业权的维护，即国家矿产资源所有权的维护。

支配权是矿业权所具备的一个主要特征。

（三）所有权的实现与矿业权的行使二者相辅相成

矿业权是从矿产资源所有权中设定并分离的一种用益权、他物权，相对独立于所有权，但都属于民事权利，受民法调整。矿产资源所有权的实现依赖于矿业权的行使，矿业权的行使又受到所有权一定制约。

矿产资源所有权人一般为国家，在授权矿业权人使用矿产资源的权力后，其所有权才能从经济上得以实现，即所有权人通过保留收益权来征收权利金（资源补偿费）、资源税等。

（四）矿产资源所有者从采矿权持有者处获得补偿

矿产资源所有权作为不动产所有权，区别于其他不动产所有权的特点是其权利客体的可耗竭性。随着所有权产生的矿业权的行使，所有权客体也随之减少或消失，从而导致所有权消亡。随着矿物资源开采耗竭，矿产资源拥有者可以获得开采者（采矿权持有者）一定的经济补偿。

矿产资源所有权的收益权与矿业权的性质之间存在着一定差异。前者主要指收益权，不一定由所有者亲自实现；后者主要指代其他物权人在使用或享用他人物品的过程中实现。矿产资源开采，使矿产品成了矿业权的客体，这便导致了相应所有权客体逐渐消失，这种特殊关系不同于由其他不动产所有权和由此衍生的其他物权。取得矿业权就取得了对该矿产资源的占有、开采销售、收益的权力。

（五）矿产资源所有权的唯一性与矿业权的分散持有

我国矿产资源的所有权主体是唯一的。根据《中华人民共和国宪法》《中华人民共和国矿产资源法》的规定，矿产资源只能为国家所有，中央人民政府即国务院是国家所有权的唯一代表，除此以外的任何国家机关、企事业单位、社会团体和个人不能成为矿产资源所有权的主体。这是矿产资源所有权的一个重要特征。矿产资源所有权只能由国家统一行使，没有国家授权，任何单位和个人都无权行使这一权力。在矿业权依法授予中，地方人民政府是依据法律和国务院授权代行矿产资源所有者的权力，即所有权归属的单一性并不妨碍所有权行使方式的多样性、灵活性。委托行使所有权是世界各国物权法普遍承认的一种方式。因此，地方政府经中央政府授权，可以代表所有者（国家）行使所有权。

二、矿产资源所有权制度体系完善的必要性

矿产资源是人类社会生存与发展的重要物质基础，是国民经济和社会发展的必要支撑。据近些年相关数据统计显示，人类社会所消耗的96%以上的能源，84%以上的工业原料，72%以上的农业生产资料，这些都有赖于矿产资源提供。因此，可以说矿产资源在人类社会的发展中起着十分重要的基础保障作用。我国正处于工业化的中期阶段，在实现全面建成小康社会甚至更加富裕、富强目标的相当长的时期内，我国对矿产资源的需求将保持较快速度的增长。

目前，我国矿产资源开发和利用领域存在较多问题，主要表现在国家所有者权益得不到充分体现，政府监管不到位，滥采乱挖、采富弃贫，矿产资源开采效率低下，还有安全生产存在隐患等。取得矿产资源开采权的成本偏低，致使矿业企业缺乏珍惜资源的动力和压力。同时，矿产资源产业也存在严重利益分配不合理现象，如地质勘探由国家出资，地质勘探成果多被矿业企业无偿占用；资源的开采价值和经济效益由矿业企业获得，而开采后留下的矿区治理和生态环境修复却往往由国家出钱承担。以上问题造成我国矿产资源的综合利用率不高，环境破坏和资源浪费情况严重，与我国建设资源节约和环境友好型社会的要求相悖。

之所以存在上述问题，在很大程度上与我国矿产资源产权制度不明晰甚至"失效"有关。我国法律虽然明确了矿产资源归国家所有，但国家所有权实际上被多个部门分割，所有权的排他性、完整性无法得到体现，使所有者得不到应有的权益。因此，我国必须进行矿产资源产权制度改革，明确界定产权，建立明晰有效的产权制度。矿产资源产权改革的关键是将所有权与矿业权分开，使矿产资源所有者（国家）与矿产开发经营者之间形成一种清晰有效的经济契约关系，建立起一种以市场化为基础，能够充分体现矿产资源所有者权益和提高资源开采利用效率的完善的产权制度。

我国矿产资源产权制度正面临更加深入的变革。

从历史沿革看，1978年以前，我国实行高度集中的计划经济体制，与之相适应，矿产资源管理也实行高度集中的计划管理体制，当时主要由地质、煤炭、石油、冶金、化工、有色、建材等部门分条块进行垂直管理。实行改革开放政

策之前，我国矿产资源管理手段以行政命令为主，这种制度安排在新中国成立初期对国家经济建设发挥了重要作用，但是其没有充分考虑和发挥市场机制在资源配置中的基础作用，有些方面没有尊重市场价值规律的作用，企业在生产经营中也是采用行政管理的模式，资源粗放型经营，造成企业效率低下和资源的巨大浪费。

改革开放之后，随着国家确立了建设社会主义市场经济的发展方向，矿产资源也开始了市场化改革进程，结束了矿产资源长期无偿开采的历史，政府开始实施对矿产资源有偿使用，征收资源补偿费，并开始探讨重新界定资源产权、建立矿业权交易市场。矿产资源产权制度改革问题成为我国社会主义市场经济体制改革的深层次的重要问题之一。

第二节 矿业用地产权制度体系的完善

一、妥善处理矿业权和土地使用权的优先问题

我们认为，矿业权与土地使用权的优先性应采用产权平等保护、公共利益优先和社会总效益最大化原则。《物权法》规定国家、集体、私人的物权和其他权利人的物权受法律保护，任何单位和个人不得侵犯。权利所有人或所有集体依法取得的土地承包经营权、建设用地使用权、宅基地使用权、探矿权、采矿权等均受法律保护。

二者都是同等重要，同样需要保护的权利，若二者间发生了矛盾，那么在法律的角度来看，会首先保护更大权益的一方，也就是会以保护公共利益为首要任务。若以刚刚这个角度来看待矿业权和土地使用权，那么二者间的优先权取决于公共利益的大小。对于有明显公益性的土地使用权项目，必须排除采矿项目的许可。

显而易见，若采矿权者优先取得具有公益性的战略矿业用地，当采矿权者和土地权利者不能达成共识时，矿业权人可以申请强制方式。对于那些一般的采矿项目和土地使用权项目，通常按照物权关系的一般原理进行处理，先优先成立者。

二、构建多元化的矿业土地使用权制度

（一）拓展产权交易方式

市场经济越深入，交易形式就越多样。产权细分是交易形式多样化的基础。

相较于集体土地，国有土地在产权细分上略好些，但也有不少改进空间。对于坐落于国有土地的矿业权而言，除通过划拨和出让方式获取地权外，还可采取租赁、入股等方式。方式的选择取决于矿产资源的种类、资源开采方式、开采周期的长短及对土地资源的易复垦程度等。产权的细分和多样化交易方式选择有助于矿业权人降低开发成本，促进矿地权流转，提高土地资源利用效益。

此外，相关学者还从土地供应方式、土地审批和补偿提出了探矿权的用地取得和使用制度，根据采矿权具体类型，提出不同的用地取得和使用制度安排，具有较强可行性。

（二）实现矿地权细分

建议待时机合适时，对《中华人民共和国土地管理法》进行修改，将该法第四十三条第一款修改为"任何单位和个人进行建设，需要使用土地的，必须依法使用国有土地和集体土地"或"任何单位和个人进行建设，需要使用土地的，必须依法使用国有土地，但符合一定条件的矿山资源开发除外"。

第三节　矿业权合理布局机制的优化

一、矿产资源规划宏观指导勘查开发布局和结构

矿产资源规划制度的基本定位以宏观管理为主。2012年10月，国土资源部（今自然资源部）出台的《矿产资源规划编制实施办法》（国土资源部令第55号）明确规定，矿产资源规划是指根据矿产资源禀赋条件、勘查开发利用现状和一定时期内国民经济与社会发展对矿产资源的需求，对地质勘查、矿产资源开发利用和保护等做出的总量、结构、布局和时序安排。因此，矿产资源规划的一个重要功能就是对矿产资源开发布局进行全国层面调控。

根据《矿产资源规划编制实施方法》，国土资源主管部门通过审查相关方面是否符合矿产资源规划确定的矿种调控方向和是否符合矿产资源规划分区要求，引导探矿权投放。通过有关部门审查其是否符合矿产资源规划确定的矿种调控方向，矿产资源规划分区要求，矿产资源规划确定的开采总量调控、最低开采规模、节约与综合利用、资源保护、环境保护等条件和要求，来约束和指导采矿权设置。

但是，规划任务的目标不能细化到勘探区块和矿区，因为宏观定位的结果是精细化和操作的可行性。县级规划作为终端规划的内容与省、市级规划相同，

仍然是宏观规划，且可操作性差，规划难以实施。矿产资源规划也有一定的优化空间。

二、"一带一路"倡议下的矿产资源开发布局策略

自石油工业部提出两种资源、两种市场的策略以来，我国一直积极推进矿产资源开发国际合作，或者矿产资源开发"走出去"。这些年来，我们既取得了成绩，同时，受地缘政治、投资环境、国际人才等方面因素的影响，也交了大量的"学费"。

当前，在我国进入新常态，开展四个全面建设的背景下，我国矿产资源开发必须因时而变，既要保障已有的矿产资源开发国际合作优势，又要根据"一带一路"倡议的宏大构想，积极调整矿产资源开发布局。在国际上加强合作，全面开放，主动合作，开拓矿产资源开发国际合作的新局面。

三、矿业权设置方案优化微观布局

（一）源头治理

源头治理，就是通过确立"一个矿区设立一个矿权"的原则，在矿业权设立之初，就保障矿区布局的合理性。在一个矿区内，如果存在多个矿权，会带来以下几个方面的问题。

一是就事实上形成了各开发主体对公共资源掠夺性开采驱动，这样便容易导致采富弃贫、环境污染，降低资源市场的效率。企业的个体理性导致了整体的不理性，短期行为带来了负外部性。

二是在矿床没有足够大的情况下，多套系统开发一个矿床，必然缩小规模，造成浪费资源，重复建设开发系统也是一种浪费。

三是在我国大矿少、小矿多的背景下，多个矿业权人开发一个矿床，事实上降低了矿业权人的资质和能力要求，限制了矿业权人治理污染、确保安全的能力。

因此，"一个矿区设立一个矿权"的核心价值在于它体现了矿产资源产权配置的最优方式。矿产资源开发整合中"矿区"概念的提出，实际上是提出了矿产资源开发最优的产权单位。矿产资源开发整合就是要通过规制和市场交易手段，实现一个产权单位的矿产资源设立一个矿业权的目标。

（二）末端治理

末端治理就是通过矿产资源开发整合，优化矿山布局，虽然整合已经结束，

并进入常态化阶段，但是整合是一个复杂、长期、艰巨的过程。这不仅是我国的矿产勘查开发历史情况决定的，也是由矿产资源开发的地质规律所决定的。

矿产资源开发整合的基本要求就是要实现"一个矿区设置一个矿权"。如果矿产资源开发整合完全实现了"一个矿区设置一个矿权"的要求，也就是当矿区数量等于矿权数量时，我们就可以说，此时的布局水平达到最优。一定的矿产资源开发水平下，矿权数和矿区数的比如果大于1，此时就存在整合需求。理论上，整合需求取决于矿权数，并且趋于正无穷。在实践中，最大的整合需求是一个实数。

长期来讲，随着勘探工作的深入，有关部门对矿区会不断调整，矿区的数量和大小就会存在变化。因此，在动态分析中，基于布局的整合需求是动态的。

对于资源统一利用的角度来说，完全实现了"一个矿区设立一个矿权"就是布局最优的。但是，考虑到大量历史形成的多个矿权存在一个矿区内把矿区内的矿权整合成为一个矿权是要消耗成本的。如果矿权整合的成本超过了矿权整合带来的统一开发收益，那么从整个矿产资源开发的福利最优的角度来说，就不如维持现状。

四、完善矿产资源开发布局的政策建议

（一）构建面向"一带一路"倡议的矿产资源开发国际合作规划

全面构建"一带一路"倡议矿产资源开发国际合作框架和方案体系，在国家层面要构建面向"一带一路"倡议的矿产资源开发国际合作规划，明确合作重点，编制中长期合作计划。各矿产资源开发地区，尤其是矿产资源开发大省、沿边沿海地区要根据各地产业实际、矿业开发基础，编制符合地方情况的矿产资源合作规划。大宗矿产资源资产必将是中国实现民族复兴的宝贵财富。

（二）建立矿产资源开发投资和评估部门

在丝路国际银行、亚洲基础设施投资银行、金砖国家新开发银行，建立矿产资源开发投资和评估部门。

当前，矿产资源开发领域的投资约占世界总投资的5%。由于美国已经进入后工业化时代，其主导的世界银行，矿产资源开发投入相对较少。但是中国正进入工业化、城镇化的高峰期，且中国的市场还大量聚焦在不发达地区，基础设施匮乏、资源能源需求巨大因此我国主导的国际投资银行，应该给予矿产资源开发投资较大的额度和比例，建立相对独立完善的矿产资源开发投资、管理和评估部门。

第四节　矿产资源开发地质环境制度完善

一、加强对矿产资源开发地质环境制度的顶层设计

（一）加快出台矿产资源开发的环境行政法规

目前，我国已经出台了一系列的规范性文件，基本形成了一系列的矿资源开发的环境法律制度，但我国还没有一部针对矿产资源开发环境治理的行政法规。同时，这些法律制度亟须统筹提升，通过立法，实现这些政策和制度的规范化、标准化，以便于地方依法行政，加强矿产资源开发中的环境管理，促进矿山环境管理的科学性和统一性。

从目前《矿山地质环境保护规定》实施中遇到的一系列问题来看，全国各省（区、市）基本上都出台了地方性的《地质环境管理条例》或者《矿山环境管理条例》，但由于没有上位法的约束，一些国企以这是地方法规或者部门规章为由，拒绝缴纳矿山地质环境治理恢复保证金。

为解决以上问题，政府要尽快出台上位法，建立完善相关法律法规，将《矿山地质环境保护规定》升格为《矿山环境保护条例》。通过行政立法的形式统一规定矿山地质环境准入制度、地质环境恢复治理保证金制度、矿山地质环境补偿和赔偿制度等。其中准入制度中包含矿山地质环境调查评价制度、矿山地质环境规划制度、矿山地质环境恢复治理方案制度。

（二）建立矿山环境代价核算制度

1. 矿山环境代价核算制度的主要内容

矿产资源开发的环境代价核算是矿产资源开发引起的经济补偿、环境赔偿与处罚的基础和依据。矿产资源开发环境代价核算单位独立公正的开展代价核算工作时任何单位和个人不得进行干扰。

矿产资源开发环境代价的核算要建立标准。矿产资源开发环境代价的核算要遵循统一的技术要求、标准和规范。矿产资源开发环境代价的核算必须根据核算技术路线，严格按照核算规范和核算标准进行。

矿产资源开发环境代价的核算要建立档案管理和信息公开制度。矿产资源开发环境代价的核算过程和核算结果应该保存书面档案和电子档案。矿产资源开发环境代价的核算过程和核算结果应该向利益相关人公开。

违反矿产资源开发环境代价核算制度的单位和个人要负担相应的法律责任。对于在矿产资源开发环境代价的核算过程，不按规定的技术手段和方法核

算，弄虚作假，虚构核算结果的，对相关责任人要进行处罚，对涉案核算单位要撤销相关资质。核算单位和个人触犯《刑法》的，根据相关法律规定承担法律责任。

2.矿山环境代价核算制度的内涵及用途

理论上，矿山环境代价核算包括两个阶段。

第一阶段是对矿产资源开发前的地质生态环境进行评估。

第二阶段是对矿产资源开发后的矿山地质生态环境进行评估。

两者之间的差异，就是矿产资源开发的地质生态环境代价。但是有的矿产资源开发，其资源的经济收益往往低于恢复治理环境的费用。

因此，对矿产资源开发前就要进行矿产资源开发后的矿山地质环境的预测和预评估。矿产资源开发环境代价核算应对地质环境损害、环境污染与环境安全事故、生态环境破坏分别展开核算。

矿山环境代价核算及代价控制报告书可作为矿山环境保证金、矿山环境补偿金收取的依据，也可作为矿山环境损害赔偿和惩罚裁定依据。做好矿山地质生态环境治理前后的评价工作，根据矿山地质环境治理方案治理后的矿山地质生态环境水平不得低于治理前的水平，技术上难以达到治理前水平的，应对矿产资源开发地受影响的群众和组织展开生态补偿。

二、建立基于代价核算地质环境制度体系

（一）环境治理保证金制度

1.增强其权威性

有关部门可提升矿山地质环境恢复治理保证金制度的法律位阶，增强其权威性。矿山地质环境恢复治理保证金制度要成为环境法上的一项独立的制度需要在国家层面的法律中对其加以确认。建议在《中华人民共和国矿产资源法》的修订过程当中明确规定建立矿山地质环境恢复治理保证金制度。

2.制定相关法律

（1）制定《矿山地质环境治理保证金管理指导意见》

从法律上将采矿权人确定为保护和治理矿山地质环境的责任主体。建立矿山地质环境恢复治理保证金缴存、使用、返还等配套制度。明确保证金的缴存机构、缴存标准和计算方法、保证金的返还与使用规定、保证金缴存的具体操作程序。

（2）制定《矿山地质环境恢复治理保证金缴存标准》

保证金实际上是督促采矿权人对矿山地质环境进行恢复治理的经济保证，保证金归采矿权人所有，采矿权人履行了治理义务的，保证金应予返还。因此，还应该及时制定出台科学合理的《矿山地质环境恢复治理保证金缴存标准》《矿山地质环境恢复治理标准与验收办法》。验收标准应该根据我国矿山地质环境实际，从矿山地质灾害类、土地资源与土石环境类、水资源与水环境类，还有矿山植被恢复重建四个方面，规定矿山地质环境恢复治理验收的合格标准。在《矿山地质环境恢复治理验收办法》中应规定，采矿权人履行了保护和治理矿山地质环境义务的，经聘请具有相应资质的单位验收合格后，可以返还其缴存的保证金。

3. 建立相关信息管理平台

建立矿山地质环境恢复治理核算信息管理平台。自然资源部、各省国土资源主管部门应成立专门矿山地质环境恢复治理保证金核算管理机构，研发矿山地质环境恢复治理核算软件系统平台，制定核算技术指南，依据矿产资源开发造成的环境代价构成，分别对由矿产资源开发造成的地质环境损害、土地资源破坏损失、矿山环境污染损失、生态系统功能损失等环境代价进行逐一核算，建立统一的矿山地质环境恢复治理保证金缴存核算系统。

4. 恢复其治理责任

矿山环境恢复治理责任认定归属是有效实施矿山环境恢复治理保证金制度的前提。建立严格的矿山地质灾害治理与矿山环境恢复治理责任鉴定的组织程序、治理责任认定机制，对于落实人为活动引发地质灾害的损害赔偿，明确矿山环境恢复治理责任主体，调处矿区纠纷，保护矿区居民利益，保护和恢复矿山环境具有重要作用。避免因矿山环境恢复治理任务责任归属混乱，导致一些地方采矿权人把本该由自身出资承担的恢复治理项目，申报为国家和政府出资恢复治理的项目。

5. 建立联合储备保证金制度

中小型矿山由于受其规模、资金等条件限制而无法缴存保证金时可借鉴国外发达国家经验，建立专门服务中小型矿山的联合储备保证金制度。申请参加联合储备保证金的中小型矿山，向省属联合储备保证金管理机构交纳一笔入门费和当年的保证金，以后每年按季度分期缴纳年度保证金。

6.灵活确定采矿权人缴存保证金方式和保证金种类选取

灵活确定是指缴存矿山环境治理保证金，既要保证将来的实际需要又要兼顾采矿权人的承受能力，依据不同类型矿山的特点，灵活确定缴存方式，既可实行一次缴存，也可按年开采矿石量，亦可按照开采区先后次序逐年分期缴存。

保证金种类的选取，除现金外可以有很多形式，这种规定为采矿权人提供了较大的选择余地，包括现金、保证金债券、联合储备金债券、商业信用证、不动产信托证等。银行、保险公司或其他金融机构的担保或保险公司书面担保等形式。

7.合理确定保证金返还方式

由于不同类型的矿山环境在整治过程中的效果和特点不同，因此对于保证金返还的方式应采用灵活制，而非固定制，可分为阶段式返还，也可分为一次性返还。明确矿山环境治理保证金返还采矿权人的唯一判别标准是矿山环境治理验收评价结论。

（二）环境生态补偿制度

生存环境变化的直接承受者，是矿区居民。矿业企业和受益地区作为矿产资源开发利用的最大受益者，应承担更多的环境破坏、修复和治理矿区环境与生态功能的责任。

1.矿产资源开发环境补偿机制和政策制度建设框架

矿山企业必须赔偿因环境破坏而造成的无法处理和修复的损害与损失。实现矿产资源企业可持续发展重要举措之一的"补偿"，是确保自然再生产和社会再生产中一个不可忽视的环节。

（1）矿产资源开发的地质环境损害补偿制度

以经济为手段，以法律为保障，以地质环境产生影响的生产、经营、开发、利用者为征收对象，以因矿物资源开发而造成地质环境损害的当地政府、居民为补偿对象，补偿地质环境损害后，当地政府、居民的地质环境的权益减少，这是一种以降低实施的功能价值为目标，损害地质环境的功能价值或权益，并以足额补偿为基准的经济制度。

（2）补偿制度的核心目的

①为抑制矿产资源开发商的环境破坏行为，及时修复和控制矿产资源开发造成的生态环境破坏。

②为了调整各利害关系的利害关系，特别是对矿区居住者造成的发展机会丧失成本的经济补偿。

（3）矿山环境恢复补偿主要途径

①对口补偿。这种补偿形式是由资源外部经济的受益者或资源的破坏者向资源外部经济的受损者或资源的保护者提供的补偿。

②统筹补偿。它是政府主要利用财政杠杆，通过税收征管、转移支付或预算实现的价值补偿。

③市场的替代补偿。它是对环境资源的评估和市场环境补偿的复杂问题，拥有所有权的人可以将环境资源的某些市场商业化，恢复市场的替代治理，并实现自我抵消。

环境成本补偿的意义是可以理解的，但环境成本补偿机制的构建比较困难，是一项复杂的系统工程。建立矿产资源开发环境代价补偿机制需要解决的三个基本问题是谁补偿谁，补偿多少，如何筹集补偿资金。

2. 矿产资源开发环境补偿主体

建立矿产资源开发环境成本补偿机制首先需要的是将补偿主体进行明确。环境成本补偿机制中的赔偿权利主体和义务主体是环境成本补偿机制的主体，即赔偿对象和赔偿主体。

（1）补偿机制的义务主体

矿产资源开发环境成本补偿主体是指筹集资金、实施补偿活动的组织。补偿的主体包括国家，损坏、危害环境的矿山企业或可能的生态受益组织等。

根据外部内部化的基本原理，在"谁破坏，谁进行管理"的要求下，补偿的主体应该是矿物资源开发的环境破坏责任方。

矿产资源开发中的环境破坏主体是自然矿山企业。采矿造成的对生态系统和自然资源的破坏与对环境的污染应完全由受损的采矿企业承担。尽管政府、矿产资源开发企业在资源开发中获得了利润，然而在资源补偿费低收集水平的背景下，矿产资源开发商节约了资源开发的劳动力，并在破坏生态环境方面获得了额外利益。

（2）补偿机制的权利主体

补偿机制中的权利主体应该是在矿产资源开发中，环境受到破坏时的利益受损一方，因为自身权益受损，所以其需要得到一定的补偿。当然，这个受损的主体可能是一个矿区的居民，也可能是某些公众，甚至是一个国家。

从微观视角来看，在矿产资源开发过程对环境的损害中，直接受害者应是生活在矿区的居民，他们的财产及生命有可能受到损害，他们个人发展的机会也会在不同程度上受到制约。由此可知，矿产资源开发环境代价补偿机制的权利主体是矿区的居民。

从宏观视角来看，矿产资源开发中的环境损害不仅仅危害到了矿区居民的权益，同时也殃及了除矿区居民以外的其他工种，甚至从某种角度上来说，它使国家环境资源受到减损，削弱了可持续发展综合水平，这是不可磨灭的事实。因此，矿区居民是补偿开采矿产资源的环境成本的主体，而公众以及国家，则是补偿矿产资源开发环境成本中的间接权利的主体。

3. 矿产资源开发环境补偿客体内容

（1）地质环境与土地资源破坏损失补偿

在矿产资源勘探和利用的过程中，采矿活动引起的地质环境的变化或破坏事件主要包括地面塌陷、地面裂缝、崩塌、滑坡、含水层损害损失补偿、地形地貌景观损害补偿。补偿主要包括对人类和动物伤亡的损失补偿、对家庭财产建设基础设施的损失补偿、对地质遗迹价值损害的损失补偿、土地损害补偿、土地占用损失补偿，地下水排水、储存和处置造成的困难吃水损失和脉石山区处理的补偿及沉陷区恢复和处理的补偿等。

（2）环境污染与环境安全事故损失补偿

它是指在矿产资源和能源资源的开发利用过程中，开发受益人对废水、废气和废渣对环境的破坏造成环境损失进行补偿。补偿对象主要包括对人体健康损失的补偿、受污染耕地恢复农业生产损失的赔偿、受污染人口清洁费用增加的损失补偿、水质污染造成的人畜缺水的损失补偿、被污染矿山的排水损失赔偿、被污染土壤造成的损失赔偿、被污染水体造成的损失赔偿等。

（3）生态系统损失补偿

在矿产资源和能源矿产资源的开采和利用过程中，森林、草地和湿地生态系统造成的功能价值损失的补偿主要包括生物多样性的丧失、森林生长减少、采矿活动造成的造林成本增加、湿地功能丧失和自然保护区功能价值补偿。除此之外，还有植被破坏引起的水土保持功能损失补偿、水库淤积补偿、通航能力下降造成的经济损失补偿、土壤肥力下降对农业生产的损失补偿、水土流失造成的泥石流风险损失补偿、草原破坏造成的损失补偿。

4. 基于环境代价核算的矿山环境生态补偿金标准

（1）矿山环境生态补偿金标准存在的问题

第一，征收标准太低的环境经济补偿费，不足以补偿资源开发所带来的巨大社会和生态影响。耕地减少、房屋倒塌、植被破坏、水位降低、环境污染和道路、电力、通信等公用事业的损失难以与现有资源和税费平衡。

第二，对环境经济补偿的征收不考虑科学矿物资源开发的环境成本。矿山生产造成的环境破坏程度与矿区面积、矿产类型、矿产资源开采方式、地质、地貌、水文植被密切相关。因此，在确定环境和经济补偿费的征收标准时，应充分考虑上述提到的这些因素。

在矿产资源开发过程中，一些环境的损坏是需要很长时间修复的，有些的甚至无法进行修复。有关部门在实施矿山环境管理存款制度时，往往针对可修复的环境，不综合考虑土地生态服务功能的丧失、土地资源破坏等困难的环境损失。另外，这些环境损失影响了矿区居民的生产生活，同时成了一道阻碍可持续发展的屏障。因此，矿山环境管理保证金不能全面补偿矿产资源开发中的生态环境损失，与此同时有必要确立基于环境成本计算的矿山环境生态补偿金制度，弥补难以修复的生态环境损失。

现阶段，我国还没有设立矿山生态环境补偿金制度。建议借鉴矿山地质环境治理保证金模式，以成本计算为基础，建立矿山地质环境管理不能完全修复的环境损失生态补偿制度。

（2）矿山环境生态补偿金制度的运行模式

①根据成本计算，推算出矿产资源开发中无法完全修复的环境损失，并将其转化为经济成本。

②由国土资源部门予以征收。矿产资源开发企业每开采一吨，都要缴纳相应的生态环境补偿费。

③专项资金应专门用于矿山环境的长期恢复和矿区居民的适当补偿中。

（三）环境损害赔偿和处罚制度

1. 环境代价经济赔偿的制度功能

法律依据和非法行为在诸多情况下是矿产资源开发中环境代价经济赔偿的前提条件。对受害方所遭受的直接损失给出充分赔偿是赔偿的根本目的及适用所在。然而，由于其过程中夹杂着诸多困难，因此很难充分赔偿受害方损失。

从宏观角度来看，在赔偿过程中，受害者的间接损失是不会被赔偿的，被赔偿部分主要包括受害者的直接损失。以下三方面是其较为具体的表现。

①在大多数情况下，人身伤害的损失并不能及时被证明。

②在精神损害的情况下，赔偿不能提供充分补救。

③在审判过程中，受害者支付的各种费用，特别是与法律诉讼有关的费用，往往不予赔偿。

目前，我国还没有对环境成本的经济补偿进行立法。我国矿产资源开发虽然损害了利益相关者的环境权益，但由于没有合法来源，很难将其界定为非法资源。我国法律框架没有实现环境成本与经济补偿在矿产资源开发中的制度作用。

2.环境代价经济惩罚的制度功能

遵纪守法的良好公民是不会触动惩罚功能的，只有那些有非法行为的公民才会触动惩罚功能。比如，矿产资源开发的过程中，出现了破坏环境的行为，那么，这个行为就属于违法行为，按照法律法规来讲，需要进行适当惩罚。

那么，实施惩罚制度的目的是什么呢？

其一，为了防止矿产资源开发商为环境带来二度破坏，从而削弱他们的经济基础，起到威慑效果，从而也能通过该处理方式警示其他矿产企业，使他们了解破坏环境的后果，不敢在开发矿产资源时对环境造成破坏。

其二，鼓励那些因矿产资源开发而受到利益侵害的公民，对不法矿产资源开发者提起诉讼，使他们同有不法行为的矿产资源开发者做斗争，维护自己的合法权益。

（1）威慑功能

威慑在通常情况下可被分为两个级别。

①一般威慑，它主要是通过一些适度惩罚，对社会人群的某种侵权行为或是思想起到震慑性作用，使社会人员在某一处罚事件中吸取某种程度的教训，今后不去做诸如此类的事情，也就是促使社会人员去遵守一定的法律法规。

②特别威慑，它主要是对侵权者起到威吓性作用，防止侵权者进行反复侵权行为。人们在对该模式的经济分析中，很容易得出成本远高于收益的结论，使其从经济上获得放弃潜在矿山环境损害行为的充分动机。

（2）制裁功能

通常情况下，按照法律依据进行正常活动的社会人员是不会引动制裁功能的，制裁针对的是那些有不良道德或是不法行为的社会人员（恶意、故意实施不法行为者）。很多矿产资源开发商在进行资源开发的同时，给环境带来了较为严重的破坏，这直接威胁着其他居民的生命以及财产安全，宏观来讲这给可持续发展带来了严重阻碍，当这种情况出现时，有关部门便可启动制裁功能，对矿产资源开发商行使惩罚政策，即加重对矿产开发商的经济制裁，从而达到制裁效果。

（3）鼓励功能

其主要是针对受益方的一项功能。由于现在市场经济中，矿产资源开发商较多，而因矿产资源的开发导致环境被破坏事件的发生率也颇高。要知道，环境受害索赔不是单纯的私人权力，而是一种社会权力，也就是说，因矿产资源的开发而导致环境受到破坏，不仅是个人利益还使得全体公众的共同利益受到了不同程度侵犯。这时候，通过惩罚制度及鼓励制度的结合，可刺激和鼓励环境受害者同侵害利益方做斗争，这对环境保护起到了一定作用

3. 基于环境代价处罚额数

结合我国的相关立法和实践，不难发现，罚款额数的最佳计算值应在直接损失的30%。因为这样的计算值不但能够起到一定的威慑作用，而且能够为生态环境治理中缺少的资金做填补。

4. 关于矿产资源开发的赔偿和政策制度构建

对于矿产资源开发环境代价赔偿而言，赔偿的权利主体是受害者，赔偿义务主体是矿产资源开发方，也就是说，它所赔偿的对象是特定的某个主体。环境代价是赔偿数额核算的基本依据，相当于经济价值。因此，需要将相关制度进行更深入完善，只有这样才能实现上述机制。

参考文献

[1] 关保国. 地质勘查 [M]. 北京：煤炭工业出版社，2009.

[2] 陈洪冶，马振兴. 地质勘查综合实训教程 [M]. 北京：地质出版社，2014.

[3] 李杏茹，梁凯，何凯涛，等. 地质勘查高新技术发展路径研究 [M]. 北京：地质出版社，2015.

[4] 邵毅，宋震，倪平泽，等. 智慧勘探——云时代的地质勘查革命 [M]. 武汉：中国地质大学出版社有限责任公司，2013.

[5] 邢运民，陶永红. 现代能源与发电技术 [M]. 西安：西安电子科技大学出版社，2007.

[6] 李传统. 新能源与可再生能源技术 [M]. 南京：东南大学出版社，2005.

[7] 国土资源部信息中心. 世界能源形势和前景 [M]. 北京：地质出版社，2005.

[8] 王安建，王高尚. 能源与国家经济发展 [M]. 北京：地质出版社，2008.

[9] 童忠良，张淑谦，杨京京，等. 新能源材料与应用 [M]. 北京：国防工业出版社，2008.

[10] 尹红峰. 地质矿产施工中勘查与找矿技术的发展措施 [J]. 科技创新导报，2015，12（31）：65-66.

[11] 石艳秋. 简述地质勘探在煤矿资源开发中的作用 [J]. 黑龙江科技信息，2013（35）：78.